Das Beckersche Verfahren

zum

Kochen von Speisen

im Dampf- und Wasserbad

sowie die dazu erforderlichen Apparate.

Becker's Patent: Deutsches Reichspatent No. 21270. K. K. östr.-ung. Privilegium No. 34571/49208.

Von

R. Henneberg,
Ingenieur.

Mit einem Anhange:

Beitrag zur Theorie und Praxis des Kochens
von
Carl Becker.

Springer-Verlag Berlin Heidelberg GmbH 1883

ISBN 978-3-662-38902-7   ISBN 978-3-662-39835-7 (eBook)
DOI 10.1007/978-3-662-39835-7

Übersetzungsrecht vorbehalten.

Inhalts-Verzeichniss.

Einleitung 5
Das Wesen der Becker'schen Erfindung 6
Die Grundformen der Becker'schen Kochapparate 8
Die Vortheile des Verfahrens 20
Geschäftliches 24
Anhang, Beitrag zur Theorie und Praxis des Kochens 28

Einleitung.

Am 28. Januar 1883 übernahm die Firma Rietschel & Henneberg in Berlin mittelst notariellen Vertrages die ausschliessliche Verwerthung des deutschen Reichspatentes No. 21270, am 7. März 1883 erwarb in gleicher Weise die Firma Kurz, Rietschel & Henneberg in Wien die Verwerthung des k. k. österr.-ungar. Privilegiums Nr. $\frac{34571}{49208}$. Beide Patente betreffen das dem Erfinder Becker patentirte Verfahren zum Kochen von Speisen im Dampf- und Wasserbad, dessen Einführung die genannten Firmen sich nunmehr zur Aufgabe gestellt haben. Herr Becker wurde zu diesem Zwecke behufs Leitung aller einschläglichen Arbeiten engagirt und es ist den vereinten Bemühungen seitdem gelungen, die hochwichtige Erfindung derart auszubilden und zu vervollkommnen, dass man ihr eine grosse Zukunft auf dem Gebiete der Armee- und Volksernährung zusprechen darf.

Die nachstehenden Mittheilungen — obschon zum Theil in die Form einer geschäftlichen Publication gebracht — sind frei von Illusionen und Hypothesen, so dass der Verfasser sich der Hoffnung hingiebt, durch die kleine Broschüre der Sache selbst förderlich zu sein.

Dem gesammten Wehrstande, grossen Kreisen der arbeitenden Klassen, den Staats- und Gemeinde-Kostgängern, Auswanderern u. a. m. eine gesunde, kräftige Kost mit Aufwendung geringer Mittel zu bieten, ist sicherlich eine Aufgabe von hoher national-öconomischer Bedeutung und man kann es getrost der öffentlichen Beurtheilung überlassen, ob die Meinung die richtige sei, dass das Becker'sche Kochverfahren zur Lösung dieser Aufgabe einen mächtigen Schritt vorwärts bedeute.

Das Wesen der Becker'schen Erfindung.

Das Wesen der Becker'schen Erfindung besteht in Folgendem:
Becker hat durch vielfache Versuche festgestellt, dass zum Garkochen der Speisen oder richtiger gesagt, zur Mund- und Magengerechtmachung derselben, die Zuführung einer bestimmten Summe von Wärmeeinheiten erforderlich ist und dass diese Summe von Wärmeeinheiten, welche unter einer bestimmten Temperatur zugeführt werden muss, sich nach der Art der Speisen richtet. So z. B. bedarf das Fleisch unter Einhaltung einer niedrigen Maximal-Temperatur eine geringere Anzahl Wärmeeinheiten wie Hülsenfrüchte, welche mindestens der Siedehitze bedürfen, um mundgerecht oder gar zu werden.

Nach dem bisher üblichen Kochverfahren geschieht die Zubereitung der Speisen unter Einwirkung ein und derselben hohen Temperatur, nämlich der Siedehitze, gleichviel ob Fleisch oder Hülsenfrüchte zubereitet werden sollen. Nun ist es aber eine bekannte Thatsache, dass bei einer Temperatur von über 70° C die Fleisch- und Bluteiweissstoffe coaguliren, hart und schwer verdaulich und damit namentlich dem Fleisch die werthvollsten Nährstoffe entzogen werden.

Diesem bisher üblichen Verfahren gegenüber richtet sich das Becker'sche dahin, den zu bereitenden Speisen nur diejenige Summe von Wärmeeinheiten und zwar unter denjenigen erforderlichen Temperaturen zuzuführen, deren sie bedürfen, um einerseits mund- und magengerecht zu werden, andererseits aber, um die werthvollsten Nährstoffe zu erhalten.

Um dies zu ermöglichen und um Speisen, welche verschiedener Temperaturen bedürfen, gleichzeitig kochen zu können, bedient sich Becker des Wasser- und Dampfbades und hat seinen Apparat im Prinzip wie folgt construirt:

Ein innen mit Kupfer ausgeschlagener Holzkasten ist durch Doppelwandungen mit Einlage von schlechten Wärmeleitern so vollkommen wie möglich gegen Wärmeverluste geschützt. Dieser Kasten ist nach Bedarf durch Scheidewände in Kammern getheilt und erhält einen möglichst dicht schliessenden, ebenfalls doppelwandig isolirten Deckel. In den Kasten, resp. in jede Kammer mündet in der Nähe des Bodens ein Dampfrohr, welches mittelst Ventil verschliessbar ist.

Die Kammern werden bis zu einer gewissen Höhe mit Wasser angefüllt, welches die mit den zu kochenden Speisen gefüllten Töpfe oder Kessel von beliebiger Form und Anzahl umgiebt. Entweder sind diese Gefässe lose in den Kasten eingesetzt um später wieder herausgenommen zu werden — dann stehen sie auf einem durchbrochenen Boden oberhalb des Dampfeinströmungsrohres; oder sie sind fest mit dem Wasserbad verbunden — dann werden sie gehalten oder getragen durch Platten nach Art der Kochheerdplatten mit entsprechenden Ausschnitten.

Die Gefässe sind mit Deckeln geschlossen, welche mit ihren Kanten bis unter das Niveau des Wassers reichen, so dass die in ihnen sich entwickelnden Dämpfe weder austreten, noch die aus dem Wasserbad sich entwickelnden Dämpfe an die Speisen gelangen können. Man kann die Töpfe auch luftdicht verschliessen und anstatt des Wasserbades nur Dampf zum Kochen benutzen. Diese letztere Methode schlägt Becker speziell für transportable Kücheneinrichtungen vor.

Sind nun in der beschriebenen Weise die Speisen in das Wasserbad eingesetzt, so wird der Deckel desselben geschlossen und der Dampf durch Oeffnen des Ventils in das Wasser geleitet. Es ist klar, dass man demnächst, beim Vorhandensein mehrerer Kammern, in jeder Abtheilung eine andere Temperatur erzielen kann und zwar immer diejenige, welche erfahrungsmässig zum Kochen der betreffenden Speise erforderlich ist.

Damit der Wasserstand im Kasten durch den hinzutretenden Dampf sich nicht erhöhe, sind Ueberlaufrohre mit Wasserverschluss angebracht.

Sobald die gewünschte Temperatur erreicht ist, was man leicht mit dem Thermometer constatirt, wird der Dampfzutritt abgesperrt und der Kochprozess geht weiter und zu Ende ohne neue Wärmezufuhr.

Auf die Vortheile, welche dieses Verfahren bieten muss, kommen wir unten ausführlich zurück. Die kurze Beschreibung zeigt zunächst, dass die Methode eine überaus leicht verständliche und leicht anwendbare ist. Sie wird sich allenthalben dem bestehenden Bedürfnisse anschmiegen und dem entsprechend wird der Apparat Form und Grösse erhalten. Wie wir schon andeuteten, ist zunächst ein prinzipieller Unterschied zwischen stationären und transportablen Anlagen zu machen, aber es würde zu weit führen, hier alle Modificationen zu erörtern, welche die Construction erleiden kann.

Es genügt, wenn wir an der Hand der beigegebenen Holzschnitte die von den Firmen für die Ausführung aufgestellten

Grundformen der Becker'schen Kochapparate

kurz erläutern.

Zunächst ist in Figur I der Dampfentwickler dargestellt. Derselbe ist als stehender Locomobilkessel ganz aus Kupfer construirt und mit Holzummantelung versehen. Er steht auf einem gusseisernen Sockel, an welchen die Speisepumpe angeschraubt ist. Letztere saugt aus einer kleinen Cysterne, welche zweckmässig dicht neben dem Kessel in den Fussboden eingelassen und mit einem Deckel verschlossen ist. Die feuerberührte Fläche schwankt je nach der Grösse der betreffenden Küchen-Anlage, zwischen $1^1/_2$ und 6 ☐m. Die normale Spannung soll 1 bis $1^1/_2$ Atmosph. Ueberdruck nicht übersteigen, so dass der Kessel ohne Schwierigkeit überall aufgestellt werden darf. Die vorschriftsmässigen Armaturen, wie Sicherheitsventil, Wasserstand, Probierhähne etc. sind elegant und dauerhaft gearbeitet und das Ganze bietet einen auch äusserlich vortheilhaften Anblick. Der Hauptvorzug ist natürlich in der Verwendung des Kupfers zu suchen. Nur wo die Kosten herabgemindert werden sollen, wird Schmiedeeisen für den äusseren Mantel angewandt, die Feuerbüchse mit ihren Siederohren wird unter allen Umständen aus Kupfer hergestellt, um den hohen Nutzeffekt zu erzielen, dessen wir an anderer Stelle erwähnen.

Wir wollen hier aber noch auf die Bedenken eingehen, welche prinzipiell gegen die Aufstellung eines Dampfkessels erhoben werden könnten. Die Schwierigkeit der Bedienung fällt bei der Kleinheit des Apparates gänzlich weg, dagegen wird die Befürchtung einer Explosion häufig ausgesprochen. Dieselbe ist thatsächlich unbegründet, weil das Sicherheitsventil einen solchen Querschnitt besitzt, dass es mit Leichtigkeit allen erzeugten Dampf abführt und weil der Kessel einem Drucke von 5 Atmosphären mit Sicherheit widersteht, während er auf 3 Atm. amtlich geprüft und mit höchstens $1^1/_2$ Atm. betrieben wird. Bei letzterer Spannung bläst das Sicherheitsventil ab, worauf es bei der Kleinheit des Rostes nur weniger Secunden bedarf, um das Feuer zu mässigen oder ganz auszulöschen. In der That sind zum Beispiel in Wien und ganz Niederösterreich Kessel unter einer gewissen Grösse überhaupt frei von allen Einschränkungen, wenn sie nämlich weniger wie 0,8 m. Durchmesser und wie 0,5 cubm. Wasserinhalt bei höchstens 4 Atm. Spannung besitzen. Auch der grösste der hier in Frage kommenden Kessel erreicht diese Grenzen bei Weitem nicht. Es ist somit jegliche Befürchtung einer Gefahr auf Null reducirt.

Was die häufig vorgeschlagene Verwendung eines offenen Standrohres an Stelle des Sicherheitsventiles betrifft, so würde dieselbe hier

Figur I.

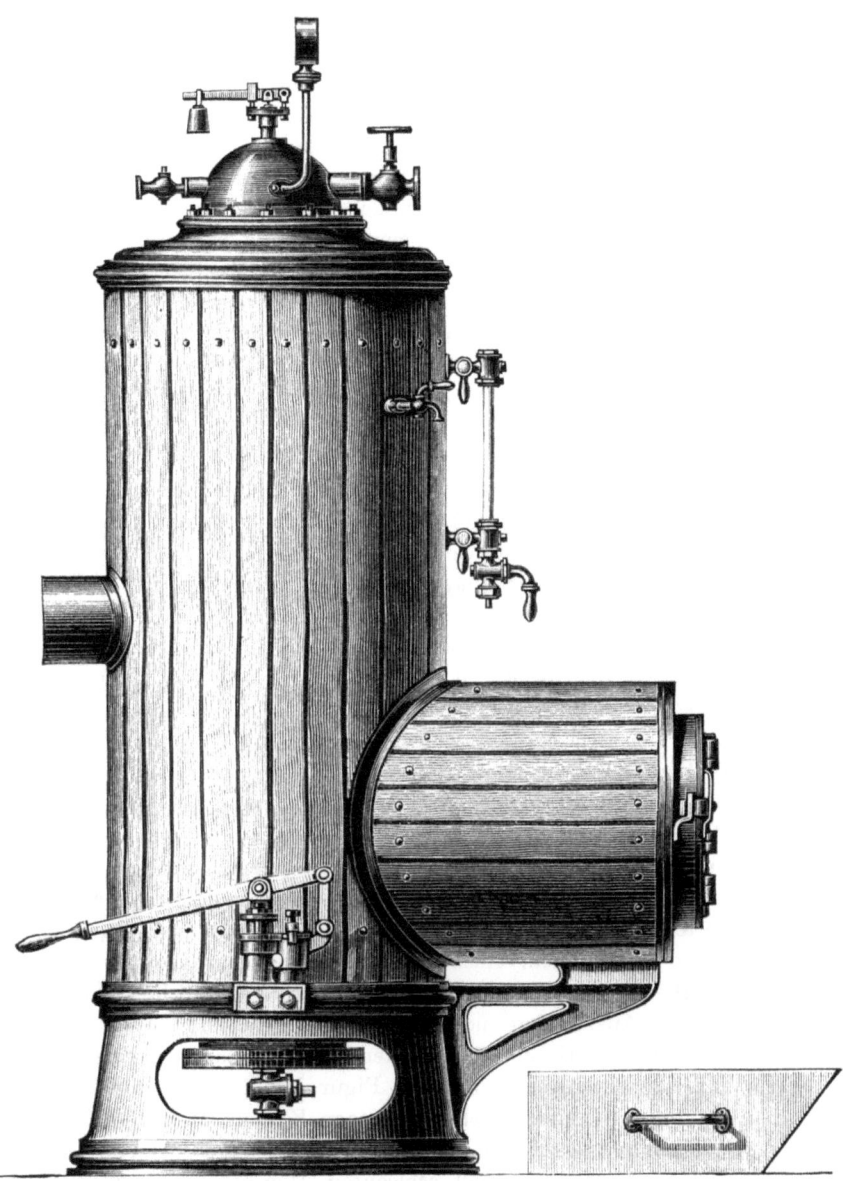

den umgekehrten Erfolg haben, den man davon erwartet, nämlich sie würde den Betrieb unsicherer gestalten. Hierfür liegen positive Erfahrungen vor und die Erklärung ist höchst einfach. Sobald in einem Kessel mit Standrohr die Spannung auch nur um ein weniges höher steigt, wie der Höhe des Rohres entspricht, so wird das Wasser aus dem Kessel hinausgedrückt, was äusserst bedenklich ist, wenn der Kessel so wenig Inhalt besitzt, wie der vorliegende. Er ist dann sofort ganz entleert (man denke nur an den Vorgang bei einer sogenannten Wiener Kaffeemaschine) und die Folge ist, dass bei unachtsamer Bedienung die Feuerbüchse durchbrennt. Man muss aber die unachtsame Bedienung stets berücksichtigen, zumal man gezwungen ist das Standrohr im Freien münden zu lassen, um die Gefahr des Verbrühens zu beseitigen. Das Hinausdrücken des Wassers aus dem Kessel erfolgt geräuschlos, während das Blasen des Sicherheitsventiles im ganzen Hause hörbar ist. Es unterliegt also gar keinem Zweifel, wo die grössere Sicherheit zu suchen ist.

Es darf behauptet werden, dass diese kleinen Kessel ganz Vorzügliches leisten, so dass ihre Anschaffung sich unter Umständen sogar in solchen Fällen empfiehlt, wo Dampf für Kochzwecke aus anderweit vorhandenen Kesseln entnommen werden könnte.

Eine grosse Erleichterung für den Küchenbetrieb ist es nämlich, wenn man die abgehenden Verbrennungsgase des Kessels zum Heizen eines Bratofens benutzen kann. Das Braten kostet dann nahezu nichts, denn in der Regel wird noch Feuer im Kessel sein, wenn gebraten werden soll. Ist dies aber nicht der Fall, so ist Vorkehrung getroffen, dass man den Bratofen auch für sich feuern kann.

In Figur II ist ein solcher Bratofen dargestellt, dessen Construction ohne Weiteres verständlich ist. Bei *a* treten die Rauchgase des Kessels in die Ofenzüge ein, die Klappe *b* ist alsdann geschlossen. Will man die Gase des Kessels direct entweichen lassen, so ist Klappe *a* zu schliessen, *b* zu öffnen. Bei directer Heizung des Bratofens mittelst des Rostes *c* sind beide Klappen *a* und *b* zu schliessen, dagegen der Schieber *d* auszuziehen. Auch hier haben die Constructeure ihr Hauptaugenmerk auf eine möglichst solide Herstellung gerichtet, dabei aber die gefällige Ausstattung nicht ausser Acht gelassen.

Die Figuren III und IV enthalten die Abbildungen der eigentlichen Patent-Kochapparate und zwar Figur III einen Apparat mit festen Kesseln, Figur IV einen solchen mit losen Kesseln. Der Apparat mit festen Kesseln besteht aus dem doppelwandigen Kasten *A*, mit Deckel *B*. Die Zwischenräume sind mit schlechten Wärmeleitern ausgefüllt, das Innere mit verzinntem Kupfer- oder Eisenblech ausgeschlagen. Um den

Figur II.

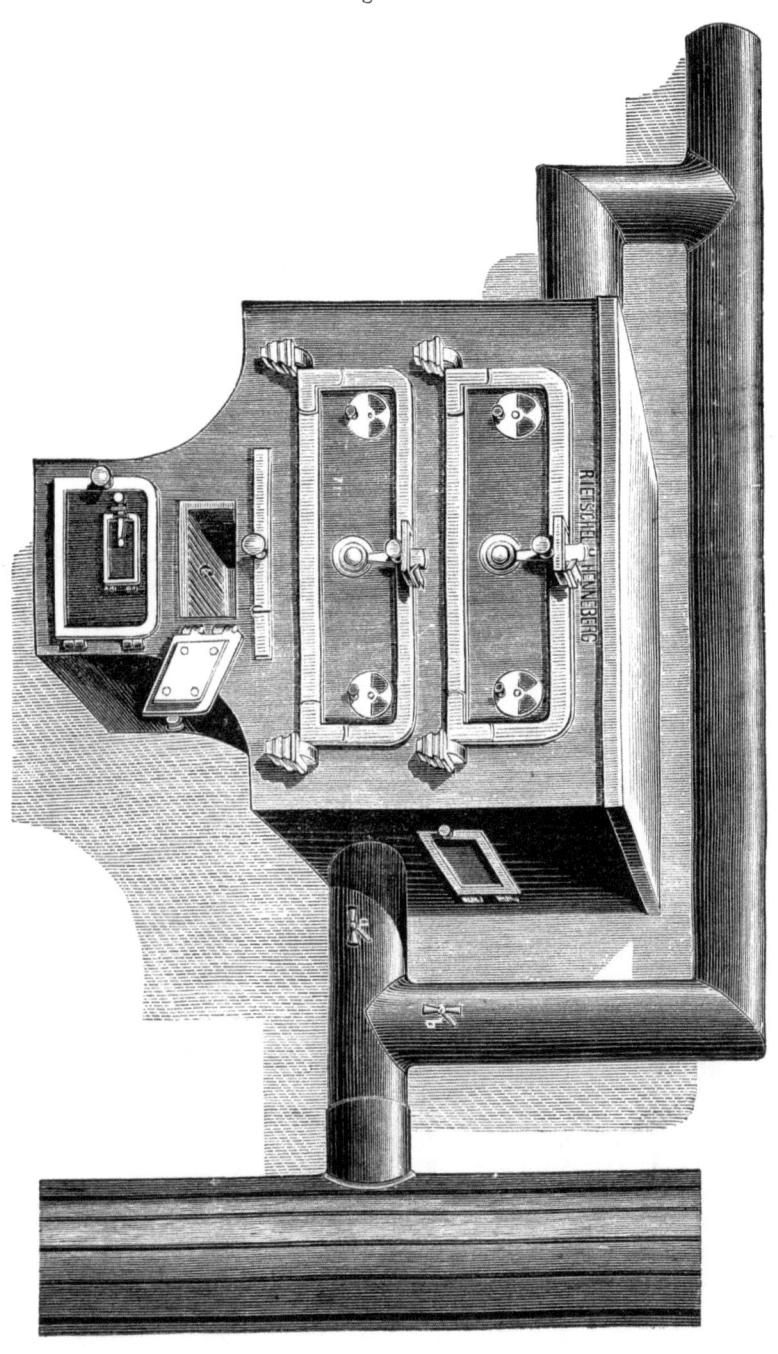

12

Figur III.

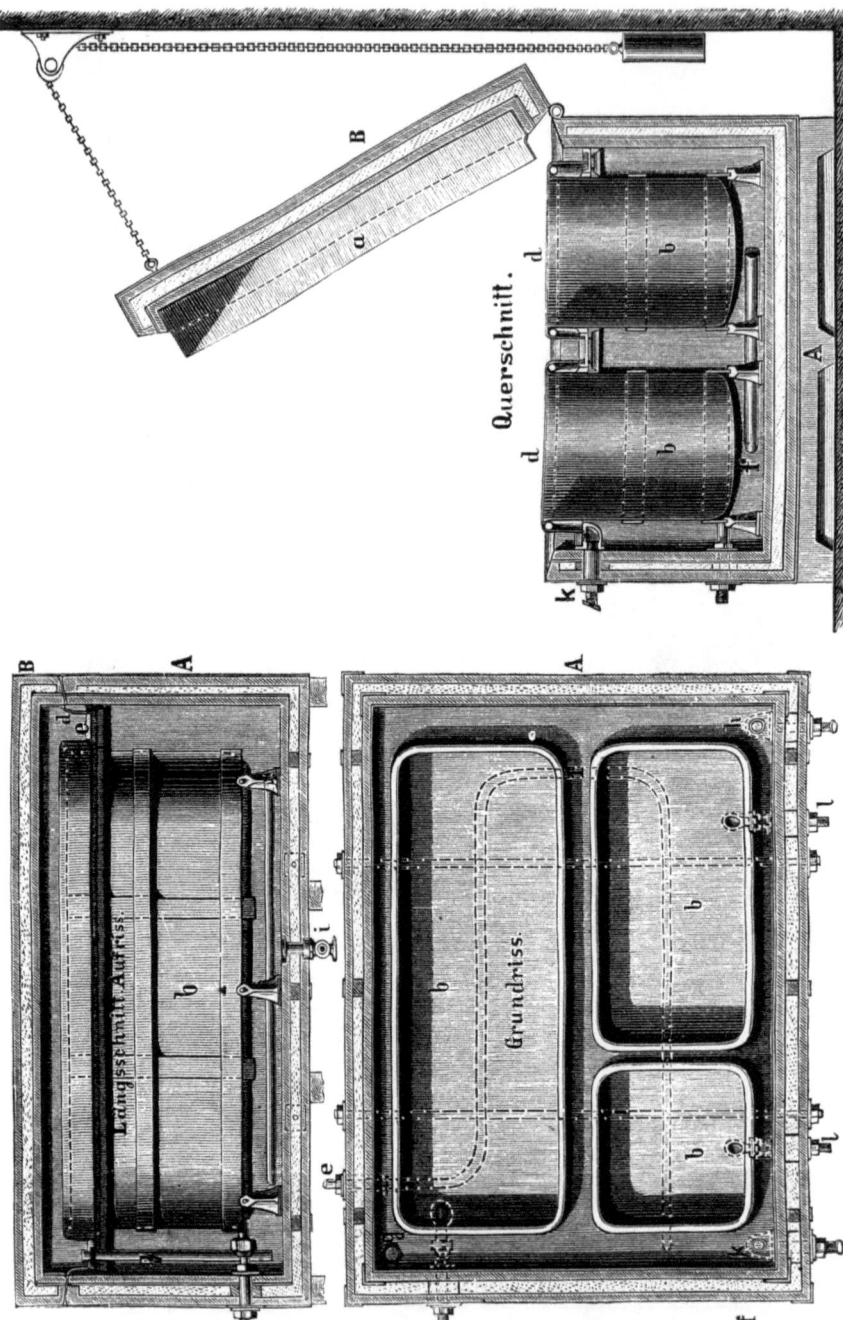

Druck des Wassers auszuhalten, ist der Kasten an den Ecken und auf den Wänden stark verankert und geschient und erhält event. noch eine äussere Bekleidung von Eisenblech. Der Deckel, ebenfalls mit Kupferblech ausgeschlagen und isolirt, ist in Charnieren beweglich und mittelst Contregewicht abbalancirt. Das Kupferblech tritt in Gestalt einer Zarge a aus dem Deckel heraus und greift in das Innere des Kastens A ein. In letzterem stehen die Kochkessel b aus geeignetem Material, sei es verzinntes Eisenblech, Kupfer oder vernickeltes Blech. Dieselben sind am Boden des Kastens befestigt und von aussen gegen Durchbiegungen mittelst umgelegter Bänder geschützt. Etwa 10 cm vom Rande der Kessel abwärts umgiebt dieselben eine feste Heerdplatte c, welche einen allseitig herumlaufenden, nach oben gerichteten Rand von circa 4 cm Höhe trägt. Es ist sonach möglich auf der Platte selbst einen Wasserstand von 4 cm zu halten, unabhängig vom Wasserinhalt des Kastens unterhalb der Heerdplatte. Dieses obere Wasser hat den Zweck, den dichten Verschluss der einzelnen Kessel sowohl, wie des Kastendeckels zu bewirken. Es tauchen nämlich die übergreifenden Kesseldeckel d und die Zarge a in dieses Wasser ein. Der Dampf strömt durch das Rohr e in die fein durchlöcherte Schlange f am Boden des Kastens, der bis in die Nähe der Heerddecke mit Wasser gefüllt ist. Durch die Condensation des Dampfes steigt das Niveau, erreicht die Heerdplatte und der Ueberschuss an Wasser tritt durch das Ueberstandrohr g nach oben. Von dort fliesst das Wasser, sobald der zum Verschluss der Deckel erforderliche Stand erreicht ist, durch ein zweites Ueberstandsrohr h nach der Speisewassercysterne des Kessels, in welche das Abflussrohr eintaucht. i ist ein Entwässerungshahn für das Wasserbad selbst, k ein Ablaufventil für die Heerdplatte. ll sind die Entwässerungsstutzen der Kochkessel, durch Hähne verschliessbar. Aus der oben gegebenen Beschreibung des Verfahrens geht Zweck und Anwendung dieser Construction klar hervor. Die Heerdplatte gestattet, wie schon erwähnt, die Wahrung des Deckelverschlusses, unabhängig wie hoch das Wasserbad mit Wasser gefüllt ist oder ob es event. als Dampfbad sich in Benutzung befindet, was bei fahrbaren Heerden leicht vorkommen kann. Ausserdem verhindert die Heerdplatte, dass beim Einthun und Ausschöpfen der Speisen der Inhalt des Wasserbades verunreinigt werde. Was bei Seite fällt, bleibt oben und kann von Zeit zu Zeit durch das Ventil k hinweggespült werden. Der ganze Apparat ist so eingerichtet, dass er in kürzester Zeit auseinandergenommen werden kann, dass namentlich die einzelnen Kessel behufs Reinigung oder Reparatur leicht herausgehoben und wieder eingesetzt werden können.

Figur IV.

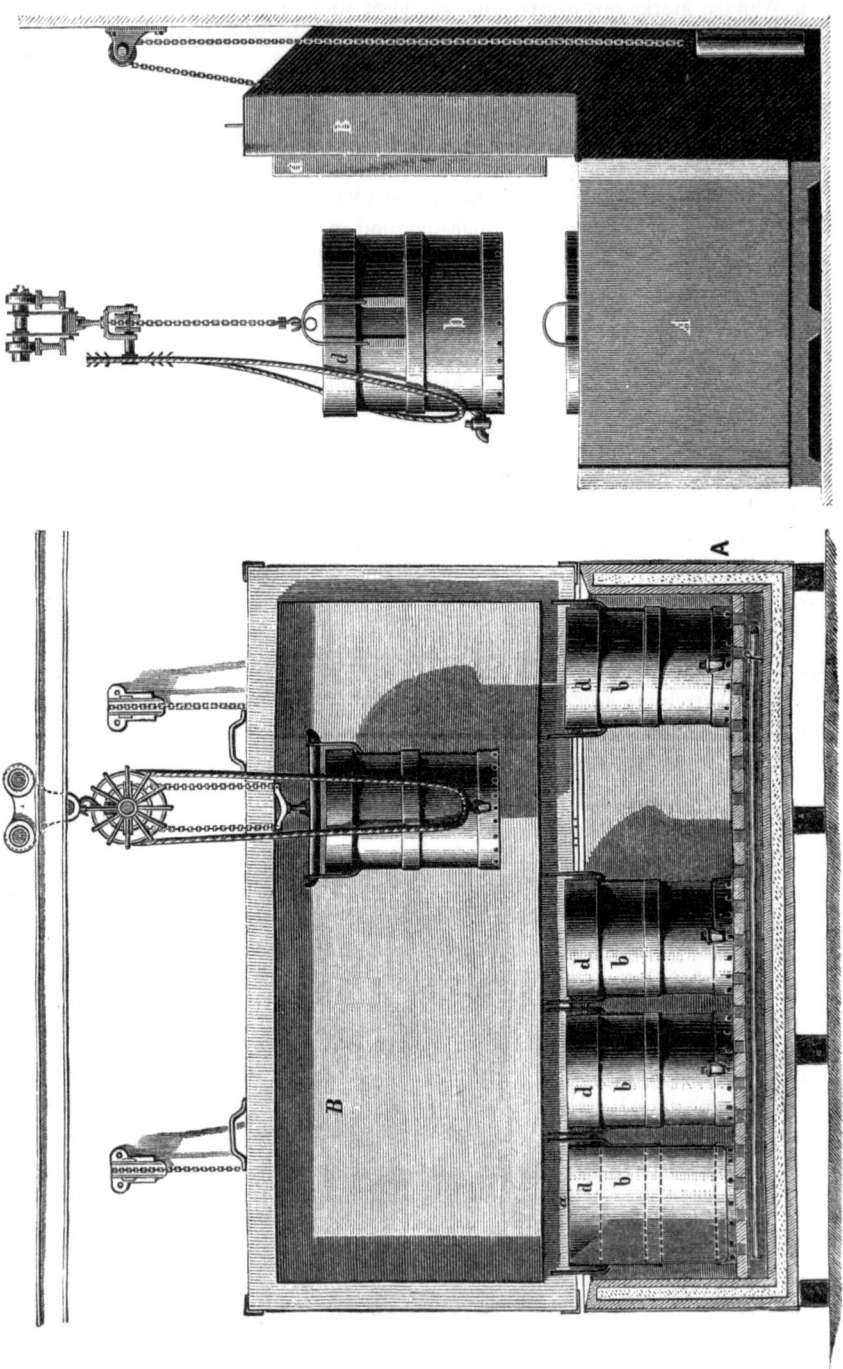

Bei dem in Figur IV dargestellten Apparat mit losen Kesseln entspricht der Kasten *A* mit seinem Deckel *B* genau dem soeben beschriebenen. Es befindet sich aber über dem Dampfeinströmungsrohr *f* noch ein durchlöcherter Holzboden, auf welchen die Gefässe *b* gestellt werden. Dieselben sind gemeiniglich aus verzinntem Eisenblech gefertigt und haben am oberen Rande Handhaben, mittelst deren sie aus dem Wasserbade herausgehoben werden können. Es dient dazu der über dem Kasten angebrachte kleine Laufkrahn, welcher es gestattet, die mit heisser Speise gefüllten Kessel nach einem seitlich vom Apparate stehenden Tische zu fahren und dort niederzulassen. Ein Blick auf die Abbildung macht das Verfahren klar. Die Deckel *d* greifen soweit über den Rand der einzelnen Kessel, dass sie in das Wasserbad eintauchen. Figur IV zeigt ferner, dass die Kessel mit Ablaufhähnen versehen sind, mittelst deren man z. B. das Brühwasser vom Gemüse oder von Kartoffeln ablaufen lässt.

Die Vortheile und Nachtheile der losen und festen Kessel gegeneinander abzuwägen, ist hier nicht der Ort. Hinsichtlich des Effektes stehen sich beide absolut gleich gegenüber und es wird von den besonderen Verhältnissen, unter denen gekocht wird, abhängen, welche Ausführung gewählt wird. Für gewisse Fälle kann es sogar zweckmässig erscheinen beide Systeme nebeneinander anzuwenden.

In Figur V zeigen wir den Grundriss einer Bataillonsküche, wie derselbe sich schematisch darstellt. *a* ist der Dampfentwickler, in Verbindung mit dem Bratofen *b*. Links in der Ecke steht ein Beckerscher Apparat *c*, welcher speciell zum Fleischkochen bestimmt ist, mit geschlossenem Deckel. Derselbe unterscheidet sich von den oben beschriebenen Apparaten insofern, als der in ihm befindliche lose oder feste Kessel Einsätze von starkem Drahtgeflecht besitzt, wodurch es möglich wird, das Fleisch in einzelnen Partien hineinzuthun und herauszuheben. Man sieht an der Wand die Rolle, über welche die Kette des Gegengewichtes für den Deckel geleitet ist. *d* und *e* sind die Kochapparate für Gemüse, Kartoffeln, Hülsenfrüchte etc., sowie für das Kaffeewasser. Die in dem geöffneten Apparate *d* sichtbaren kleinen Gefässe, deren auch einige sich in *e* befinden, sind zur Zubereitung der Speisen für die Unteroffiziere bestimmt. Der Apparat ist mit festen Kesseln dargestellt. An der gegenüberliegenden Wand ist noch ein grosser Spülkasten mit 2 Abtheilungen *f* und *g* gezeichnet. Beide Abtheilungen sind mit Klappen versehen, welche als Anrichtetische dienen können. Aus dem Dampfentwickler führt die Rohrleitung *k* den Dampf nach den einzelnen Apparaten. Die Ueberlaufrohre vereinigen sich in der Leitung *i*, welche das Wasser nach einer kleinen Cisterne *h* führt,

Figur V.

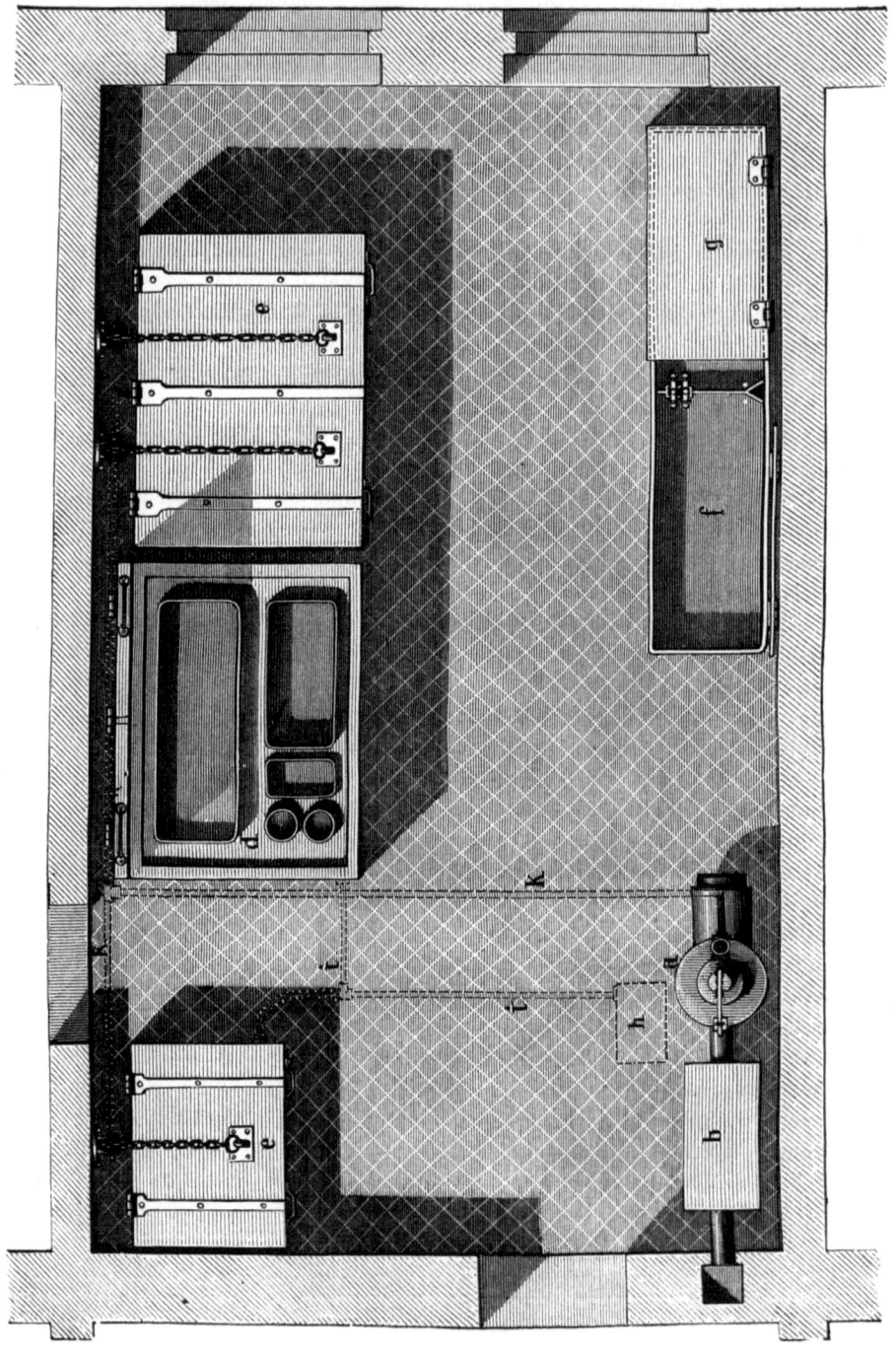

von wo es durch die Speisepumpe wieder in den Kessel gedrückt wird.

Wir bemerken noch, dass über den Apparaten d und e sich ein Wrasenfang befinden könnte. Die Apparate entwickeln zwar, so lang sie geschlossen sind, also während der ganzen Kochzeit, absolut keinen Wrasen und nur beim Oeffnen der Deckel steigt momentan eine Dampfwolke auf, welche nach wenigen Minuten wieder verschwindet. Allein selbst diese Erscheinung lässt sich mittelst eines gut angelegten Wrasenfanges, der einen Abzug in's Freie oder in einen naheliegenden Schornstein erhält, beseitigen, obschon in den meisten Fällen von einer Belästigung durch Wrasen nicht die Rede sein wird.

Hinsichtlich der Wasserzu- und Ableitung, welche der Kleinheit des Bildes wegen nicht mit dargestellt wurde, empfiehlt es sich, an einer bequemen Stelle, etwa neben der Thür, einen Zapfhahn mit Ausgussbecken anzulegen. Ein zweiter an der Wand befindlicher Hahn muss gestatten, die Speisewassercisterne mit frischem Leitungswasser zu füllen, während aus der Cisterne ein Ueberlauf in die Abflussleitung führt. Nicht unbedingt nothwendig, aber sehr bequem ist es ferner, je einen Hahn an den Abtheilungen des Spültroges zu haben und ebenfalls directe Abflüsse. Man kann aber den Spültrog, ebenso wie die Wasserbäder, auch auf den Fliesenboden der Küche entwässern, wenn, wie es sich unter allen Umständen empfiehlt, letzterer an geeigneter Stelle mit einem Abflussgully versehen ist.

Endlich gaben wir in den Figuren VI und VII noch Skizzen über die Anwendung der Becker'schen Apparate für **ambulante Küchen**. Figur VI zeigt die in einen Güterwagen installirte Küche eines Truppentransport- oder Sanitätszuges und dürfte ohne weitere Erläuterung verständlich sein Der Dampf wird ganz analog wie es auch für Heizungszwecke bei Personenzügen geschieht, von der Locomotive entnommen. Dagegen stellt Figur VII eine Feldküche mit eigenem Dampfentwickler dar. Ein einziger grosser Kochapparat, welcher die nöthigen Kessel für 250 bis 300 Mann enthält, steht in der Mitte eines für diesen Zweck besonders construirten Wagens in solcher Höhe, dass man, auf dem Terrain stehend, die beiden Deckelhälften bequem öffnen kann. Während des Fahrens bedient man sich der Trittbretter. Hinter dem Kochapparat steht der kleine Dampfkessel, von einem rückwärts befindlichen Perron aus heizbar, links und rechts von ihm die für 2 bis 3 Tage ausreichenden Wasser- und Kohlenbehälter. An der Barrière des Perrons ist ein Klappsitz für den Heizer angebracht. Zwischen dem Kutscherbock und dem Kochapparat befindet sich ein Kasten zur Aufnahme von Geschirren, Conserven und kleinen Vorräthen. Der Bock

Figur VI.

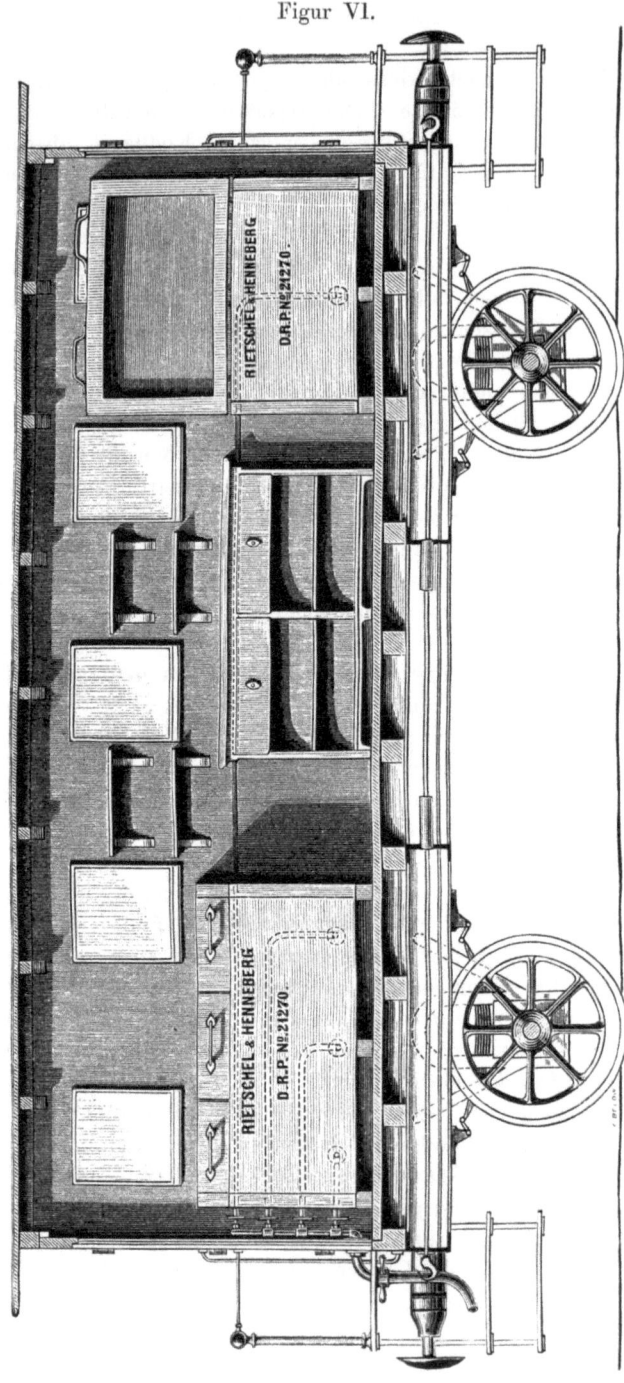

Figur VII.

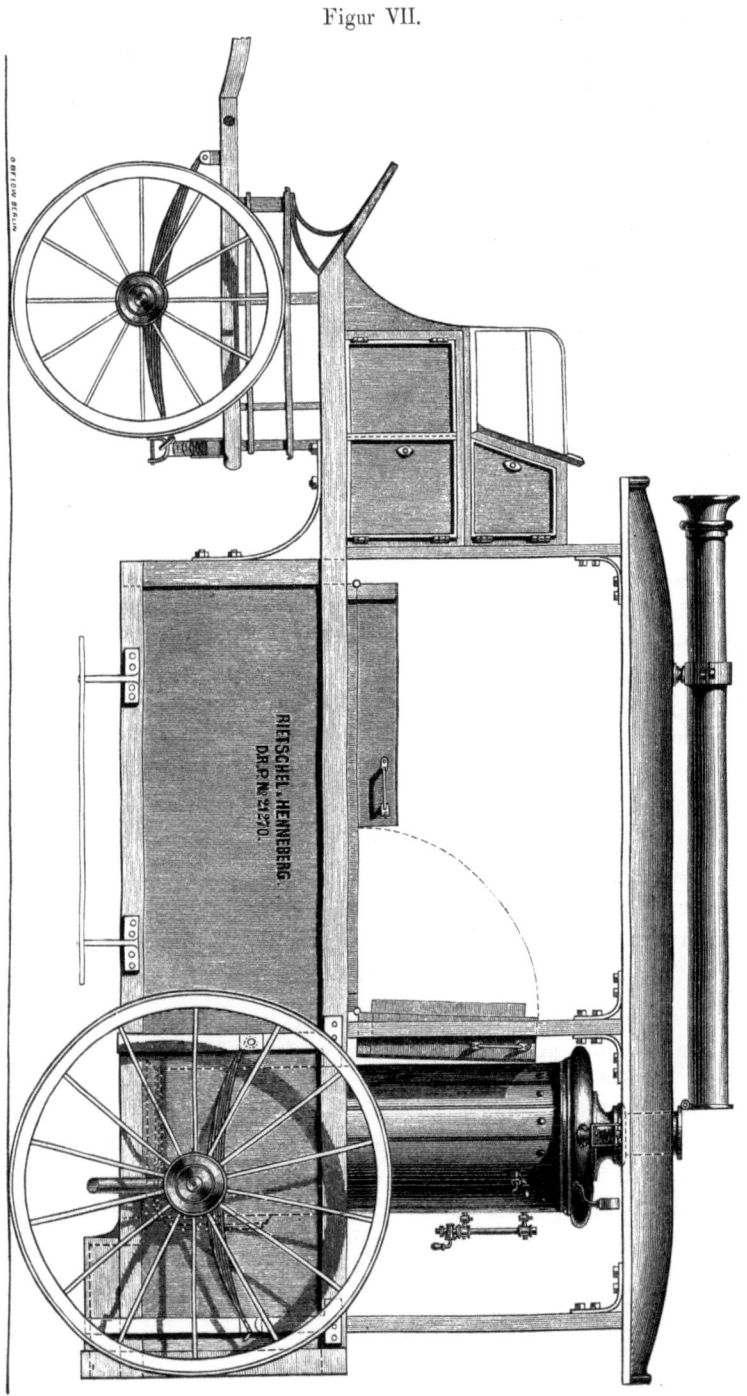

ist zweisitzig. Der Schornstein des Kessels ist umlegbar, das Verdeck des Wagens mit Rouleaux armirt, welche bei Regen und Schnee zum Schutze des Apparates und des Kessels herabgelassen werden können. Der ganze Wagen ist unbeschadet grösster Solidität so leicht beweglich wie möglich gebaut und höchstens zweispännig zu führen. Für gewöhnlich wird man mit einem Pferde auskommen. Das Kochen kann während des Fahrens geschehen, nur das Ausgeben der Speisen, sowie die Reinigung und Wiederinbetriebsetzung des Apparates erfordern einen kurzen Stillstand. Wir haben diese ambulante Küche so construirt, wie sie uns zunächst für militärische Zwecke geeignet erscheint. Für einen detachirten Truppenkörper z. B. würde sie gute Dienste leisten können, aber auch bei Ueberschwemmungen, Feuersbrünsten etc. wohl am Platze sein. Je nach der Anzahl und Dimensionirung der Kochgefässe würde das Fuhrwerk auch als Spital- oder Lazarethküche dienen können. Uebrigens soll die Skizze mehr das Princip veranschaulichen, wie eine bestimmte Form, denn man kann schliesslich die Construction jedem Bedürfnisse anpassen.

Ueberblicken wir noch einmal die beschriebenen Apparate, so zeigt sich, dass letztere Bemerkung nahezu allgemein zu nehmen ist, wesshalb wir eingängig auch nur von den Grundformen Becker'scher Apparate gesprochen haben. Es bleibt nunmehr abzuwarten, welcher Art die Aufgaben sind, welche an die Fabrikanten herantreten werden, um für jeden Fall die zweckmässigste Lösung aus diesen Grundformen mit Leichtigkeit zu entwickeln.

Nachdem im Vorstehenden das Wesen der Becker'schen Kochmethode, sowie die dazu erforderlichen Apparate beschrieben sind, betrachten wir

Die Vortheile des Verfahrens.

Dieselben sind hauptsächlich dreierlei Art, nämlich:
solche die sich auf den Geschmack und den Nährwerth der Speisen beziehen,
solche, welche die Kosten betreffen und
solche, welche auf Reinlichkeit und einfache Bedienung Bezug haben.

Die erstgenannten Vortheile, obschon hygienisch die wichtigsten, mögen an dieser Stelle unberührt bleiben, da der Erfinder selbst im Anhange dieselben eingehend behandelt, dagegen lässt sich über die öconomische Seite der Sache Folgendes sagen:

Die Ersparniss an Brennmaterial ist eine ganz bedeutende. Dieselbe beziffert sich bei Verwendung der von den ausführenden Firmen gelieferten kleinen kupfernen Dampfentwickler auf 50 bis 60%, gegenüber der bisher üblichen Methode des Kochens. Dies erklärt sich aus Nachstehendem.

Ist die Speise einmal zum Kochen gebracht, so ist ein ferneres Nachheizen nicht nöthig, um sie am Kochen zu erhalten und gar zu machen, da in Folge der guten Isolirung pro Stunde Kochzeit nur etwa 1° C. dem Wasserbade verloren geht.

Von einer Kochzeit zur anderen bleiben in dem Wasserbade bedeutende Wärmemengen aufgespeichert, so dass bei normalem Betriebe die Temperatur desselben selten unter 70 bis 80° C. sinkt. Hieraus erhellt, mit welch' geringem Aufwande an Brennmaterial beim jedesmaligen Anlassen des Dampfes die Siedehitze wieder erreicht wird.

Zur näheren Klarlegung des Wärme- und Kohlenbedarfs diene folgendes Beispiel:

Ein Infanterie-Bataillon von 500 Mann verbraucht zur Mittagskost 500 Liter Speisen. Der hierzu benöthigte Kochapparat fasst bis zum Ueberlaufrohr an Wasser und Speisen zusammen circa 1000 Liter. Diese 1000 Liter Inhalt müssen auf 100° C (Siedehitze) gebracht werden.

Nehmen wir an, die 500 Liter Speisen besässen im rohen Zustande eine Temperatur von 10° C und die gleiche Wärmecapacität, wie das Wasser, so sind zu ihrer Erwärmung auf 100° erforderlich

$$(100 - 10) \cdot 500 = 90 \cdot 500 = 45000 \text{ Wärmeeinheiten}\,[1].$$

Die 500 Liter Wasser im Wasserbade seien vom vorherigen Kochen noch 80° warm, so brauchen dieselben

$$(100 - 80) \cdot 500 = 20 \cdot 500 = 10000 \text{ Wärmeeinheiten}.$$

Mithin beträgt der Gesammtbedarf an Wärme

$$45000 + 10000 = 55000 \text{ Wärmeeinheiten}.$$

Da nun 1 Kilogramm Dampf bei seiner Condensation 550 Calorien frei werden lässt, so sind

$$\frac{55000}{550} = 100^k \text{ Dampf}$$

erforderlich um den obigen Bedarf zu decken.

Die zur Anwendung gebrachten kupfernen Dampferzeuger gestatten mit Leichtigkeit eine 12fache Verdampfung, d. h. mit 1^k guter Stein-

---

[1]) Wärmeeinheit oder Calorie = derjenigen Wärmemenge, welche im Stande ist 1 l Wasser um 1° zu erwärmen.

kohle werden in ihnen 12^k Wasser in Dampf verwandelt. Mithin entsteht ein Kohlenverbrauch von

$$\frac{100}{12} = 8\frac{1}{3}^k$$

beim einmaligen Kochen von 500 Liter Speisen und bei täglich dreimaligem Kochen von

$$3.\ 8\frac{1}{3} = 25^k$$

Weil nun aber für gewöhnlich das Heizen nicht mit der gehörigen Sorgfalt geschieht, auch durch Oeffnen der Apparate und durch Condensation in der Rohrleitung Wärme verloren geht, ausserdem aber eine gewisse Dampfmenge zur Erwärmung des Spülwassers erforderlich ist, so kann man den Kohlenverbrauch für Zubereitung des Morgenkaffees, Mittags- und Abendbrodes insgesammt auf rund 40^k veranschlagen. Es ist gewiss nicht zu hoch gegriffen, wenn man den Kohlenbedarf einer Bataillonsküche für das alte Kochverfahren auf 120^k pro Tag beziffert[1]). Somit können täglich mindestens 70^k gespart werden, das macht auf's Jahr rund 500 Centner.

Eine weitere wesentliche Ersparniss liegt nun aber in Folgendem:

Wie die beim königlichen Eisenbahnregiment zu Berlin geführten Versuchstabellen beweisen, ergiebt sich beim Becker'schen Kochverfahren gegenüber dem gewöhnlichen durchschnittlich ein Plus von $33\frac{1}{3}$ Portionen auf 100, während die Speisen nicht nur ebenso gut, sondern weit schmackhafter zubereitet erscheinen. Die Begründung dieser höchst bemerkenswerthen Thatsache findet sich im Anhange, wesshalb wir hier nur die öconomischen Consequenzen ziehen.

Wir greifen dabei auf das oben gewählte Beispiel eines Infanterie-Bataillons von 500 Mann zurück.

Die Tagesportion an Hülsenfrüchten und Reis beträgt pro Mann 200 Gramm. An diesem Quantum werden nach Obigem $66\frac{2}{3}$ Gramm gespart, was für 500 Mann täglich $33\frac{1}{3}^k$ ausmacht. Nehmen wir an, es werden dreimal wöchentlich Hülsenfrüchte und einmal Reis verabreicht, so stellt sich also die wöchentliche Ersparniss auf $133\frac{1}{3}^k$, die jährliche auf $6933\frac{1}{3}^k$. Der Preis der Hülsenfrüchte und des Reis ist durchschnittlich mit 24 Pfennig pro Kilogramm niedrig gegriffen, womit für das Bataillon sich eine Ersparniss an diesen Speisen von 1664 Mark jährlich ergiebt. Ganz ähnlich stellen sich die Vortheile beim Kochen von Fleisch und Kartoffeln heraus, so dass dem gewählten Beispiele folgend behauptet werden kann, dass ein Infanterie-Bataillon

---

[1]) Uns sind Beispiele bekannt, wo derselbe bis 200^k beträgt.

mittelst des Becker'schen Kochverfahrens jährlich 3 — 4000 Mark an der Menage erspart, während gleichzeitig die Qualität der Speisen die üblichen Anforderungen wesentlich übertrifft. Man kann hiernach ermessen, wie sich die wirthschaftlichen Vortheile in anderen Fällen, z. B. bei Volksküchen, Spitälern, in Strafanstalten, Fabriken u. s. w. stellen werden. Nicht mit Unrecht ist deshalb eingangs die volkswirthschaftliche Bedeutung der Sache besonders betont worden.

Die Vortheile des Becker'schen Verfahrens in Bezug auf die Reinlichkeit liegen auf der Hand. Nicht nur bleiben die Heerde frei von jeglicher Beschmutzung durch Kohle oder Asche, von angebrannten Fettheilen u. dergl., sondern es gestattet auch die Construction der Apparate ein penibles Sauberhalten jedes einzelnen Theiles, während die Controlle hierüber ausserordentlich leicht auszuüben ist.

Schliesslich spielt die einfache Bedienung der Apparate eine grosse Rolle. Der Bratofen wird in der Regel durch die abgehenden Verbrennungsgase des Dampfentwicklers geheizt, so dass überhaupt nur eine Feuerung zu unterhalten ist, was durch denselben Mann geschieht, der den Kochprozess überwacht. Es bedarf dann nur noch der Arbeitskraft zum Vorrichten und Ausgeben der Speisen, welche bei jedem Kochverfahren die gleiche sein wird.

Der Verfasser hat nicht nur die Richtigkeit der vorstehenden Vortheils-Calculationen selbst geprüft, sondern auch die Gutachten anerkannter Sachverständiger über den Werth der von Herrn Becker selbst aufgestellten Theoreme (s. Anhang) eingeholt, bevor er sich zur Herausgabe dieser Schrift entschloss. Aus voller Ueberzeugung kann er nunmehr das Becker'sche Verfahren empfehlen, zumal die beiden ausführenden Firmen, um dasselbe den weitesten Kreisen zugänglich und nutzbringend zu machen, die Kenntnisse und Erfahrungen des Erfinders mit den ihnen als Ingenieuren und Fabrikanten zu Gebote stehenden Mitteln dauernd combinirt haben.

Als wichtige Beweisdocumente für das Vorhandensein der behaupteten Vorzüge des Becker'schen Kochverfahrens dienen die Berichte und Atteste, welche sich auf die beim Eisenbahn-Regiment zu Berlin angestellten eingehenden Versuche und monatelangen Beobachtungen beziehen. Auf specielle Anfragen geben die beiden Firmen gern näheren Aufschluss hierüber und verweisen wir hier nur auf die Beilage zu No. 17 des Militärwochenblattes vom 28. Februar 1883.

Die erzielten Resultate, in Zahlen ausgedrückt, sprechen klarer wie jede Deduction, wesshalb wir als Beispiel hier eine Tabelle folgen lassen. Dieselbe bezieht sich auf ein Vergleichskochen, welches bei genanntem Regimente unter gleichzeitiger Benutzung der Becker'schen und der alten Mannschaftsküche vorgenommen wurde und bei welchem zeitweise Commissarien des Königl. Kriegsministeriums, der Intendantur und der Garnisonverwaltung zugegen waren.

Art der Gemüse	Nach Becker's Verfahren			Nach dem gewöhnl. Verfahren			Mehr nach Becker's Verfahren pro Kilo Roh-Material	
	Roh-Material	Fertige Speisen in Summa	pro Kilo	Roh-Material	Fertige Speisen in Summa	pro Kilo		
	Kilo	Liter	Liter	Kilo	Liter	Liter	Liter	Prozent
Weisse Bohnen . . .	29,40	130	4,42	24,80	75	3,00	1,42	47,33
Erbsen	29,40	125	4,25	24,20	65	2,73	1,52	55,67
Reis.	17,00	125	7,35	14,00	82	5,86	1,49	25,42
Kohlrüben	52,25	128	2,45	45,00	90	2,00	0,45	22,50

Weitere Versuche ergaben:
    bei Linsen auf 135 Portionen ein Mehr von 40 Liter,
    „ Erbsen „ 136   „   „   „   „ 50 „ .
Beim Fleischkochen ergab sich:

Art des Fleisches	Pro Menage-Theilnehmer			Verlust am rohen Fleische in Prozent	
	Gewicht des garen Fleisches in Gramm		Gewinn nach Becker's Methode		
	Nach Becker's Methode	Nach der alten Methode	Gramm	Nach Becker's Methode	Nach der alten Methode
Magerer Speck	71	55	16	$5^{1}/_{5}$	$26^{2}/_{3}$
Rindfleisch	95,4	65	30,4	25	49
Schweinefleisch	104	60	44	11	48
Hammelfleisch	101	69	32	$31^{2}/_{3}$	$55^{1}/_{4}$

Geschäftliches.

Für jede einzelne Küchen-Einrichtung nach Becker's Patent ist es nothwendig einen besonderen Kostenanschlag aufzustellen. Bestimmte Preise ein für alle Mal festzusetzen und in Preis-Couranten abzudrucken, ist unmöglich, da die örtlichen Verhältnisse sowohl, wie die Bedürfnisse und Wünsche der Auftraggeber von Fall zu Fall berücksichtigt werden müssen. Um jedoch Reflectanten ungefähr über die Anlagekosten zu orientiren, bemerken wir, dass sich selbe etwa wie folgt stellen:

für 250 Menagetheilnehmer circa 5000 Mark
„ 500 „ „ 7500 „
„ 1000 „ „ 12000 „

Diese ungefähren Beträge beruhen auf der Annahme, dass es, wie beim Militär, wünschenswerth sei, die Mittags- und Abendkost, sowie das Kaffeewasser für den nächsten Morgen, gleichzeitig zuzubereiten. Hierdurch ist natürlich ein entsprechend grosses Volumen der Kochgefässe und eine grössere Anzahl derselben bedingt. Wo, wie z. B. in Volksküchen, nur eine einzige Mahlzeit gekocht werden soll, können die Kosten angemessen reducirt werden. Für die ermittelten Beträge werden geliefert:

1. 1 isolirter Dampfentwickler mit kupferner Feuerbüchse und kupfernen Siederohren, mit sämmtlichen vorschriftsmässigen Armaturen und Garnituren, als Manometer, Sicherheitsventil, Wasserstandglas, Probierhähnen, Ablasshahn, Handspeisepumpe und Schürgeräth.
2. 1 Bratofen in Verbindung mit dem Rauchabzug des Dampfentwicklers, aber auch mit besonderer Feuerung.
3. 1 bis 3 Patent-Kochapparate (je nach der Anzahl der Kammern), mit den erforderlichen Kochgefässen aus verzinntem Kupfer- oder Eisenblech (je nachdem feste oder lose Gefässe zur Anwendung kommen); bei Apparaten mit losen Kochtöpfen gehören dazu 2 Laufschienen, Laufwagen und Winde zum Herausheben der Töpfe.
4. 1 Fleischkochapparat, enthaltend einen kupfernen, verzinnten Kochtopf mit Drahteinsätzen für die genügende Anzahl von Portionen.
5. Die Dampfrohrleitung zwischen Kessel und Apparaten, einschliesslich der erforderlichen Ventile, und die Ueberlaufleitung aus den Apparaten bis zum Speisewasser-Reservoir.

Die einzelnen Preise werden ab Fabrik Berlin oder Wien gestellt, Fracht und Emballage zu den Selbstkosten berechnet.

Die Aufstellung geschieht durch einen geübten Monteur, welcher nach Fertigstellung noch 3 Tage den Kochversuchen beiwohnt, ohne Berechnung von Kosten; jedoch wird für die Reise hin und zurück der Eisenbahnfahrpreis III. Klasse, wenn ein Ingenieur verlangt wird, der Fahrpreis II. Klasse und entsprechende Diäten liquidirt.

Wird der Monteur länger als 3 Tage zu Kochversuchen verlangt, so wird für jeden ferneren Tag ein angemessener Lohn berechnet.

Wenn nicht besondere Zahlungsbedingungen vereinbart sind so verstehen sich solche wie folgt:

Ein Drittel der Anschlagsumme bei Bestellung,
ein Drittel bei Ablieferung der Apparate,
ein Drittel drei Monate nach Ablieferung,

bei sofortiger Baarzahlung werden 2% Sconto vergütet.

In solchen Fällen, wo Behörden und Institute die Mittel zur Einhaltung obiger Zahlungen nicht ohne Weiteres flüssig machen können, sind die Firmen gern bereit entgegenzukommen, event. Modalitäten zu vereinbaren, um die Anlagekosten theilweise aus den erzielten Ersparnissen zu amortisiren, soweit es die Umstände gestatten.

Auch die Ertheilung von Licenzen kann geeigneten Falles vereinbart werden, speziell an solche Industrielle und Gewerkschaften, welche das Becker'sche Kochverfahren bei sich einführen und die Apparate dazu selbst bauen wollen.

Folgende Punkte werden bei Uebernahme von Küchen-Einrichtungen nach Becker's Patent garantirt:

1. Die Erreichung der im Vorhergehenden näher auseinandergesetzten Vortheile, speziell eine bedeutende Ersparniss an Brennmaterial und eine wesentlich grössere Ausnutzung der Rohstoffe gegenüber dem gewöhnlichen Kochverfahren.
2. Die Güte der in Anwendung gebrachten Materialien, sowie der Arbeit in allen ihren einzelnen Theilen. Demzufolge werden alle aus der Verwendung fehlerhaften Materials oder aus untüchtiger Arbeit entspringenden Mängel an den Apparaten innerhalb des ersten Jahres nach Inbetriebnahme kostenfrei beseitigt.

Für naturgemässe Abnutzung, sowie für solche Defecte, welche aus unrichtiger Behandlung der Apparate, resp. aus dem Nichtbefolgen der gegebenen Instruction herrühren, wird keine Gewähr geleistet.

Die ausführenden Firmen sind gern bereit, jede an sie gerichtete Frage bezüglich des Becker'schen Kochverfahrens in Ergänzung dieser Broschüre sofort zu beantworten und Kostenvoranschläge für jeden speziellen Fall anzufertigen. Um letzteres zu ermöglichen, empfiehlt es sich, etwaige Anfragen durch folgende Angaben klarzustellen:

1. Die Anzahl der Menagetheilnehmer.
2. Die Art der in Aussicht genommenen Verköstigung.
3. Die für Küchenzwecke zur Verfügung stehenden Räumlichkeiten.

Zu 3 empfiehlt sich die Einsendung einer Grundrissskizze, aus welcher die Längenmaasse der Wände, die Lage der Thüren und Fenster, die Lage und Weite des Schornsteins, sowie die Lage der Wasser-Zu-

und Ableitung deutlich hervorgehen. Die lichte Höhe des Raumes muss ebenfalls angegeben sein.

Auf Grund dieser Unterlagen wird die Projektskizze, sowie ein detaillirter Kostenanschlag bearbeitet und beides den Herren Reflectanten gratis und franco zugesandt.

Die betreffenden Adressen der ausführenden Firmen lauten:

Rietschel & Henneberg.

Hauptgeschäft: Berlin, S. Brandenburgstr. 81.

Zweiggeschäfte: { Dresden, Johannisplatz 7.
                { Köln, Klingelpütz 19a.

Haus in Wien: **Kurz, Rietschel & Henneberg**, Wien, I. Himmelpfortgasse 17.

Anhang.

Beitrag zur Theorie und Praxis des Kochens,

unter specieller Berücksichtigung

der rationellen Zubereitung der Speisen in Militär- und Volksküchen etc.

von

Carl Becker.

Erfinder des Becker'schen Kochverfahrens.

D. R. P. No. 21270.

„Die rationelle Zubereitung der Speisen
ist die höchste Aufgabe der Küche."

Verfasser dieses, der es sich zur Aufgabe gestellt hat, auf dem Gebiete der Armee- wie der Volksernährung so manchen noch vorhandenen, theils leicht, theils schwer zu beseitigenden Uebelständen abzuhelfen, bezweckt in Nachfolgendem dem geneigten Leser ein von ihm erfundenes neues Kochverfahren sachlich zu erläutern und zu begründen. Zur Beurtheilung desselben ist zunächst die Frage zu erörtern:

„Wie war die bisherige Zubereitung der Speisen in Armee- und Volksküchen und was muss geschehen, um in Zukunft dieselbe rationeller zu betreiben"?

Begeben wir uns in die Küche einer Kaserne, in eine Volks- oder Privat-Küche, stets wird uns beim Betreten derselben, — werden gerade Speisen in ihnen zubereitet —, ein stärkerer Geruch empfangen, der uns bald ahnen lässt, welcher Art das Neue des Tages ist. Was uns hier im Geruch entgegentritt, sind aber die feinsten Extractivstoffe, die aus den Speisen verdampft sind! — Kann man nun solches Verdampfenlassen von Speisebestandtheilen ein rationelles Kochverfahren betiteln oder wäre es nicht umgekehrt rationell zu nennen, wenn diese vorzüglichen Stoffe in den Speisen verblieben und dem Magen der Hungrigen zugeführt würden? Gewiss das Letztere, denn wir wissen ganz genau, welch' vortrefflichen Einfluss die Extractivstoffe auf die Verdauung haben. Es ist also Aufgabe der Küche, diese Stoffe nicht verdampfen zu lassen, sondern sie den Speisen zu erhalten. Wie dies zu erreichen ist, soll unten erläutert werden.

Um über den Zweck des Kochens klar zu werden, fragen wir uns zunächst, was gebraucht der Mensch zu seiner Ernährung?

Ausser den beiden Hauptnahrungsmitteln: Luft und Licht, bedarf der Mensch Speise und Trank. Die ersteren sind uns in der Natur umsonst geboten, die beiden letzteren müssen wir erwerben und in Formen bringen, in welcher sie dem Körper zuträglich sind. Nun bedarf der Mensch zum Aufbau und zur Erhaltung des Körpers täglich eine gewisse Summe von Nährstoffen und diese sind:

a) stickstoffhaltige oder eiweissartige Substanzen (Albumin, Caseïn, Kleber-Proteïn etc.),
b) Fett und
c) stickstofffreie Extractstoffe oder Kohlehydrate (Stärke, Gummi, Dextrin, Zucker etc.).

Durch grossartige und vielfache Ernährungsversuche ist festgestellt, dass ein normal gebauter, erwachsener Mensch täglich an eiweissartigen Substanzen 100—120 g, Fett 50—60 g und Kohlehydrate 500—600 g verbraucht.

Um nun die täglichen Kostrationen mit vorstehendem Nährgehalte in der wohlfeilsten Weise so zusammen zu setzen, dass auf jeden einzelnen Menagetheilnehmer das richtige Quantum Nährstoffe entfällt, muss man ebenfalls wissen, wie viel von diesen Stoffen die einzelnen Nahrungsmittel enthalten, und zweitens, welches der Preis derselben sei. Da man bei Armee- und Volksküchen nur täglich eine gewisse Summe Geld für die Menage verausgaben kann, so versteht es sich von selbst, dass man nicht zu den theuersten oder gar lucullischen Nahrungsmitteln greifen darf, solche sind vielmehr von dieser Betrachtung völlig ausgeschlossen.

In Nachfolgendem lege ich mit gütiger Erlaubniss des Verfassers die in der 2. Auflage des vortrefflichen Werkes: Chemie der menschlichen Nahrungs- und Genussmittel von Professor Dr. J. König in Münster (Verlag von Julius Springer) nach dessen neuesten Principien festgestellten Nährwerthsberechnungen der menschlichen Nahrungsmittel zu Grunde. Zur näheren Erläuterung dieser Berechnungen diene, dass Professor Dr. König die Werthverhältnisse der Nährstoffe in den Nahrungsmitteln auf Nährwerth-Einheiten zurückführt und wie folgt ermittelt hat.

	Kohlehydrate	Fett	Proteïn (Stickstoff-Substanz)
wie . . .	1	3	5

Diese Verhältnisszahlen sind aus den Marktpreisen und theoretischen Erwägungen hergeleitet und ist mit Hülfe derselben, an der Hand der vorhandenen Analysen die Ermittelung des Nährgeldwerthes und die Beantwortung der Frage, welches von den zu wählenden Nahrungsmitteln das preiswürdigste sei, sehr einfach. Man multiplicirt den Gehalt der Nahrungsmittel an Proteïn mit 5, den an Fett mit 3 und den an Kohlehydrate mit 1, addirt, und erhält so die Summe der Nährwerth-Einheiten. Indem man dann mit dieser Summe in den Marktpreis dividirt, erhält man den Marktpreis einer Nährwerth-Einheit und schliesst aus der grösseren oder geringeren Höhe des letzteren auf die Preiswürdigkeit des Nahrungsmittels. Man kann als dann auch leicht berechnen, wie viel Nährwerth-Einheiten man für 1 Mark erhält, wobei natürlich die Resultate in Bezug auf die Preiswürdigkeit der Speisen dieselben bleiben. Beispielsweise enthalten nach obiger Zusammenstellung:

	Wasser %	Stickstoff-Substanz %	Fett %	Kohle-Hydrate %	Marktpreis ₰
1. Rindfleisch . .	73.—	19,5	6,4	0,1	128,3
2. Milch	85,5	3,3	3,5	5,—	15,—
3. Roggenmehl .	14,—	11,5	1,9	69,6	31,3

Nach diesen Annahmen enthält auf 1 kg berechnet

1. Fleisch:

195 Stickstoffsubstanz = 195 × 5 = 975 Nährwertheinheiten
64 Fett . . . . . = 64 × 3 = 192 „
1 Kohlehydrate . = 1 × 1 = 1 „
Summa 1168

Diese kosten 128,3 Pf., also eine Nährwertheinheit

$$\frac{128,3}{1168} = 0,1098 \text{ Pf.},$$

oder für eine Mark erhält man

$$\frac{1168 \cdot 100}{128,3} = 911 \text{ Nährwertheinheiten.}$$

2. Milch:

33 Stickstoffsubstanz . . . = 33 × 5 = 165 Nährwertheinheiten
35 Fett . . . . = 35 × 3 = 105 „
50 Milchzucker (Kohlehydr.) = 50 × 1 = 50 „
Summa 320

Diese kosten 15 Pf., also eine Nährwertheinheit

$$\frac{15}{320} = 0,0468 \text{ Pf.},$$

oder für eine Mark erhält man
$$\frac{320 \times 100}{15} = 2133 \text{ Nährwertheinheiten.}$$

3. **Roggenmehl:**

115 Protein (Stickst.-Subst.) = 115 × 5 = 575 Nährwertheinheiten
19 Fett . . . . = 19 × 3 = 57 „
696 Kohlehydrate . . . . = 696 × 1 = 696 „
Summa 1328

Diese kosten 31,3 Pf., also 1 Nährwertheinheit
$$\frac{31,3}{1328} = 0,0235 \text{ Pf.,}$$

oder für eine Mark erhält man
$$\frac{1328 \cdot 100}{31,3} = 4243 \text{ Nährwertheinheiten [1]).}$$

In der folgenden Tabelle sind nun die in Militär- und Volksküchen zur Geltung kommenden hauptsächlichen Nahrungsmittel in Betracht gezogen. Vorauf ist zu bemerken, dass die Werthe in i, k und m selbstredend nicht als massgebend zu betrachten sind, sondern dass solche je nach dem Marktpreise variiren. Dieser Berechnung sind die heutigen Berliner Marktpreise zu Grunde gelegt, und da derartige Tabellen hauptsächlich für Militär- und Volksküchen etc. in Betracht kommen, solche aber ihre Nahrungsmittel meistens en gros einkaufen, sind in Rubrik m auch en gros-Preise angenommen.

Selbstverständlich dürfen hierbei nur gleichartige Nahrungsmittel in Vergleich gezogen werden, so in erster Linie nur animalische mit animalischen und vegetabilische mit vegetabilischen Nahrungsmitteln; unter diesen können nur wieder solche mit einander verglichen werden, welche in ihrer Constitution und Verdaulichkeit auch für ihre physiologische Wirkung als gleichwerthig zu erachten sind. So besitzt Fleisch jedenfalls wegen seiner faserigen Structur und leichteren Zerkaubarkeit etc. einen höheren Nährwerth als die Schlachtabfälle, Herz, Nieren, Milz etc., kann daher auch einen höheren Geldwerth beanspruchen.

Ebenso haben sich die Leguminosen nicht so hoch verdaulich gezeigt, als die Speisen aus Cerealien, müssen daher in ihrem eigentlichen Nährwerth etwas geringer (vielleicht um $1/15$) veranschlagt werden, als sich aus der Rechnung ergiebt. Immerhin aber hält es für den Fachmann leicht, unter Berücksichtigung dieser Punkte aus nachstehender Tabelle die preiswürdigste Kostration herauszurechnen.

---

[1]) König, die menschlichen Nahrungs- und Genussmittel 1882.

Nähere Bezeichnung der Speisen	a. Wasser %	b. Stickstoff-Substanz (Protein) zwischen %	b. in Mittel %	c. Nährwerth-Einheiten	d. Fett zwischen %	d. in Mittel %	e. Nährwerth-Einheiten	f. Stickstofffreie Extractstoffe (Kohlehydrate) zwischen %	f. in Mittel %	g. Einheiten Nährwerth-	h. 1 Ko. enthält Nährwerth-Einheiten	i. 1 Ko. kostet en gros ₰	i. en detail ₰	k. Für 1 Mark erhält man en gros Nährwerth-Einheiten	k. en detail Nährwerth-Einheiten	l. Hierarch classificiren sich die Nahrungsmittel in aufsteigender Reihe nach der Billigkeit wie folgt	m. Für 1 M. erhält man Nährwerth-Einheiten en gros
Animalische Nahrungsmittel.*																	
Ochsenfleisch	55–75	16–22	19	95	5–27	16	48				1430	100	130	1430	1100	Magerkäse	6175
Kuhfleisch	70–76	19–21	20	100	2–8	5	15				1150	96	120	1198	958	Magermilch	4340
Kalbfleisch	77–78	18–20	19	95	1–7	4	12				1070	100	130	1070	823	Buttermilch	3188
Hammelfleisch	48–75	14–18	16	80	6–36	21	63				1430	100	130	1430	1100	Leber vom Rind	2750
Schweinefleisch	47–72	14–20	17	85	6–36	21	63				1480	110	140	1345	1057	Vollmilch	2708
Häring, incl. Knochen, frisch	80–81	10–12	11	55	6–8	7	21				760	50	70	1520	1086	Leber vom Kalb	2686
do. gesalzen	46–47	18–20	19	95	16–18	17	51				1460	80	100	1825	1460	Speck, fett	2225
do. geräuchert	68–70	20–22	21	105	8–10	9	27				1320	150	180	880	733	Dorsch	2022
Dorsch	80–82	15–17	16	80	0,2–0,4	0,3	0,9	Der Geringfügigkeit halber sind die stickstofffreien Extractstoffe nicht in Berechnung gezogen.			809	40	70	2023	1156	Leber vom Hammel	2000
Schellfisch	80–81	16–18	17	85	0,3–0,5	0,4	1,2				862	60	80	1437	1077	Häring, gesalzen	1825
Schinken, geräuchert	27–28	20–24	22	110	36–38	37	111				2210	160	240	1381	921	” frisch	1520
Schinken, gesalzen	62–63	20–24	22	110	8–10	9	27				1370	130	160	1054	856	Schellfisch	1437
Speck, fett, gesalzen	9–10	8–10	9	45	72–76	74	222				2670	120	140	2225	1907	Ochsenfleisch	1430
Leber vom Rind	70–72	18–20	19	95	4–6	5	15				1100	40	50	2750	2200	Hammelfleisch	1430
” ” Kalb	71–73	16–18	17	85	2–4	3	9				940	35	45	2686	2088	Schinken, geräuchert	1381
” ” Hammel	68–70	20–22	21	105	4–6	5	15				1200	60	80	2000	1500	Schweinefleisch	1345
” ” Schwein	71–73	18–20	19	95	5–7	6	18				1130	80	110	1130	1027	Kuhfleisch	1198
Blutwurst II. Qual.	48–50	10–12	11	55	24–26	25	75				1800	140	180	929	722	Leber vom Schwein	1130
Leberwurst II. Qual.	47–48	12–14	13	65	22–26	24	72				1370	130	170	1054	806	Kalbfleisch	1070
Ei vom Huhn	73–74	12–14	13	65	12–14	13	39				1040	130	200	800	520	Schinken, gesalzen	1054
Kuhmilch, Vollmilch	86–88	3–4	3,5	17,5	?–4	3,5	10,5	4–5	4,5	4,5	325	12	16	2708	2031	Leberwurst	1054
” Magermilch	90–91	2,8–3,2	3	15	0,...–1	0,75	2,25	4–5	4,5	4,5	217	5	8	4340	2712	Blutwurst	929
” Buttermilch	90–91	3–4	3,5	17,5	1–2	1,5	4,5	3–5	3,5	3,5	255	8	10	3188	2550	Häring, geräuchert	880
Magerkäse	40–50	40–48	44	220	6–8	7	21	5–7	6	6	2470	40	70	6175	3529	Ei vom Huhn	800

*) Fleisch und Fleischwaaren ohne Knochen.

Vegetabilische Nahrungsmittel.

Erbsen, trockene	14—15	22—24	23	115	1—3	2	6	55—57	56	56	1770	22	36	8050	4917	8050
Bohnen, „ weisse	13—14	23—25	24	120	2—3	2,5	7,5	52—54	53	53	1850	26	40	7115	4625	7115
Linsen	12—13	24—26	25	125	1—2	1,5	4,5	54—56	55	55	1845	30	46	6150	4011	6150
Weizenmehl	14—15	8—10	9	45	,1—2	1,5	4,5	53—55	54	54	1035	30	38	3450	2724	5820
Roggenmehl	14—15	10—12	11	55	1—2	1,5	4,5	70—72	71	71	1305	28	35	4661	3729	4661
Gerstenmehl (Gries)	15—16	10—12	11	55	1—2	1,5	4,5	65—67	66	66	1255	32	40	3922	3138	4575
Hafermehl (Grütze)	10—11	14—16	15	75	4—6	5	15	62—64	63	63	1530	34	42	4500	3643	4500
Graupen	12—13	7—9	8	40	1—2	1,5	4,5	76—78	77	77	1215	30	36	4050	3375	4392
Reis	13—14	6—8	7	35	0,5—1	0,75	2,25	76—78	77	77	1142	26	34	4392	3359	4050
Weizenbrod	38—40	6—8	7	35	0,2—0,8	0,5	1,5	52—54	53	53	895	40	50	2238	1790	3922
Roggenbrod	36—46	6—8	7	35	0,5—1	0,75	2,25	46—50	48	48	852	30	36	2840	2366	3450
Pumpernickel (Westfäl.)	43—44	7—9	8	40	1—2	1,5	4,5	44—50	47	47	915	20	36	4575	3050	2840
Kartoffeln	75—76	1—2	1,5	7,5	0,1—0,3	0,2	0,6	20—22	21	21	291	5	6	5820	4850	2800
Sauerkraut	90—91	2—4	3	15	0,2—0,4	0,3	0,9	8—12	10	10	259	10	14	2590	1850	2590
Mohrrüben	86—87	1—1,2	1,1	5,5	0,2—0,4	0,3	0,9	8—10	9	9	154	8	14	1925	1100	2238
Kohlrüben	86—87	2—3	2,5	12,5	0,2—0,4	0,3	0,9	8—10	9	9	224	8	14	2800	1600	1925
Weisskohl	88—90	1—2	1,5	7,5	0,2—0,4	0,3	0,9	6—8	7	7	154	8	14	1925	1100	1925
Rothkohl	88—90	1—2	1,5	7,5	0,2—0,3	0,25	0,75	6—8	7	7	152	10	16	1520	950	1520
Aepfel, getrocknet	27—28	1—1,6	1,3	6,5	0,6—1	0,8	2,4	17—19	18	18	269	100	120	269	224	885
Pflaumen, „	29—30	2—2,6	2,3	11,5	0,3—0,7	0,5	1,5	16—18	17	17	300	100	120	300	250	560
Birnen, „	29—30	2—2,4	2,2	11	0,3—0,5	0,4	1,2	28—30	29	29	412	110	130	375	317	375
Kaffee, gebrannt	1,5—2	10—12	11	55	10—12	11	33	22—26	24	24	1120	200	300	560	373	300
Cichorie, gedörrt	10—12	5—7	6	30	1—2	1,5	4,5	52—56	54	54	885	100	120	885	738	269

Erbsen, getrocknet																
Bohnen, „																
Linsen, „																
Kartoffeln																
Roggenmehl																
Pumpernickel (Westfäl.)																
Hafergrütze																
Reis																
Graupen																
Gerste (Gries)																
Weizenmehl																
Roggenbrod																
Kohlrüben																
Sauerkraut																
Weizenbrod																
Weisskohl																
Mohrrüben																
Rothkohl																
Cichorie, gedörrt																
Kaffee, gebrannt																
Birnen, getrocknet																
Pflaumen „																
Aepfel „																

Conserven.

Erbswurst (Lejeune)	7—8	17—18	17,5	87,5	28—29	28,5	85,5	39—40	39,5	39,5	2120	120	120	1770	1770	1850
Erbsensuppentafeln do.	5—6	23—24	23,5	117,5	19—21	20	60	40—42	41	41	2180	120	120	1820	1820	1820
Bohnensuppentafeln do.	4—5	20—21	20,5	102,5	19—21	20	60	42—44	43	43	2050	120	120	1710	1710	1770
Linsensuppentafeln do.	2,5—3	24—25	24,5	122,5	18—20	19	57	42—43	42,5	42,5	2220	120	120	1850	1850	1710
Fleischpulver(Carnepura)	10—11	67—69	68	340	4—5	4,5	13,5	17—19	18	18	3710	550	550	680	680	
Erbsen,—Fleischgemüse, (Carne pura)																1500
Bohnen do. do. „	9—10	28—30	29	145	14—24	19	57	19—33	26	26	2280	200	200	1140	1140	1140
Patentfleischzwieback do.	5—6	28—29	28,5	142,5	17—19	18	54	30—32	31	31	2270	200	200	1130	1130	1130
Brodsuppe do.	5—6	16—17	16,5	82,5	15—16	15,5	46,5	58—60	59	59	1880	125	125	1500	1500	1030
Graupen do.	2—3	16—17	16,5	82,5	12—13	12,5	37,5	54—56	55	55	1750	200	200	880	880	880
Cacao-Pulver do.	10—11	18—20	19	95	1—2	1,5	4,5	65—67	66	66	1650	160	175	1030	940	680
	5—7	23—25	24	120	19—21	20	60	34—36	35	35	2150	700	700	310	310	310

Linsensuppe (Lejeune)
Erbsensuppe do.
Erbswurst do.
Bohnensuppe do.
Patentfleischzwieback (Carne pura)
Erbsenfleischgemüs. do.
Bohnenfleischgemüs. do.
Graupen do.
Brotsuppe do.
Fleischpulver do.
Cacao-Pulver do.

Mit Hülfe dieser Tabelle ist es nun sehr leicht eine richtige Tageskost zusammenzusetzen und zu berechnen.

Folgender beispielsweisen Berechnung dienen die Portionssätze der Berliner Garnison zur Grundlage.

Auf den Kopf sollen an Eiweiss oder stickstoffhaltigen Substanzen 100 gr, Fett 50 gr und Kohlehydrate 500 gr kommen, also

$$(100 . 5) + (50 . 3) + (500 . 1) = 1150 \text{ Nährwertheinheiten.}$$

Der Soldat erhält täglich 750 gr Brod, wofür in Abrechnung kommen 50 gr Eiweiss, 10 gr Fett und 360 gr Kohlehydrate = 640 Nährwertheinheiten.

Es sind mithin noch im Frühstück, Mittag- und Abendkost zu geben 50 gr Eiweiss, 40 gr Fett und 140 gr Kohlehydrate, also

$$(50 . 5) + (40 . 3) + (140 . 1) = 510 \text{ Nährwertheinheiten.}$$

Als Morgenkaffee wird gegeben pro Kopf 8 gr Kaffee und 2 gr Cichorien; ersterer gleich 0,88 Eiweiss, 0,88 Fett, 1,92 Kohlehydrate

= in Summa 8,96 Nährwerth-Einheiten, kostet 1,43 Pf.

letzterer gleich 0,12 Eiweiss, 0,09 Fett, 1,08 Kohlehydrate

= in Summa 1,95 Nährwerth-Einheiten, kostet 0,22 Pf.

Sa. tot. 10,91 „ und kosten 1,65 Pf.

Diese rund 11 Nährwertheinheiten sollen hier der einfachen Berechnung halber nicht in Betracht gezogen, sondern nur der Preis derselben mit 1,65 Pf. pro Kopf in Anrechnung gebracht werden. Es ist dies um so mehr erforderlich, da für Abfälle nichts berechnet ist und diese pro Kopf ungefähr so viel ausmachen.

Die Gehalts-Werthe der Mahlzeiten einer Woche sind nach der vorstehenden Tabelle berechnet, wobei Gewürze, Salz etc., welche pro Kopf mit 0,35 Pf. anzusetzen, nicht eingerechnet sind. Hierzu die vorher berechneten 1,65 Pf. für den Morgenkaffee, ergiebt pro Kopf und Tag 2 Pf., welche den nachstehend berechneten Kosten für Mittagbrot zuzusetzen sind, um so die Kosten für Morgenkaffee und Mittagbrot in einer Summe zu erhalten. Da nun gemeiniglich der Menagetheilnehmer ausser Brot pro Tag 27 Pf. für diese beiden Mahlzeiten zu verzehren hat, so bleibt der Ueberschuss für Abendbrot reservirt.

	pro Kopf gr	Ei-weiss	Fett	Kohle-hydrate	Nährwerth-Einheiten	Geld-werth ℳ	Plus 2 Pf. für Morgen-kaffee, Gewürze etc. ℳ	Verbleiben für Abend-brot bei 27 Pf. Menage-geldern ℳ	
1. Tag.¹) Schweinefleisch	120	20,4	25,2	—	177	12,8			
Salzkartoffeln	1500	22,5	3,0	315	437	7,5			
Summa		42,9	28,2	315	614	20,3	22,3	4,7	

Es fehlen noch ca. 9 gr Eiweiss und 12 gr Fett, wohingegen Kohlehydrate reichlich vorhanden sind. Daher für den Abend eine Milchsuppe zweckerfüllend.

2. Tag. Speck	75	6,75	55,5	—	200	9,—			
Reis	133	9,31	1,—	102,4	152	3,7			
Milch	350	10,50	2,6	15,—	76	1,4			
Summa		26,56	59,1	117,4	428	14,1	16,1	10,9	

Es fehlen etwa 24 gr Eiweiss und 23 gr Kohlehydrate. Rathsam ist daher für den Abend eine stickstoffreiche Kost, wie z. B. Käse oder Kartoffeln und Häring.

3. Tag. Schweinefleisch	120	20,4	25,20	—	177	13,6			
Bohnen	200	48,—	5,—	106,00	361	7,7			
Kartoffeln	375	5,6	—,75	78,75	109	1,7			
Summa		74	30,95	184,75	647	23,—	25,—	2,—	

Die Kost ist an allen Nährstoffen reichlich, zumal sich Eiweiss und Fett im Körper ergänzen. Als Abendkost ist Kaffee zu empfehlen.

4. Tag. Hammelfleisch	150	24,—	31,5	—	214	15,—			
Kohlrüben	300	7,5	—,9	27	67	2,4			
Kartoffeln	900	13,5	1,8	189	262	4,5			
Summa		45	34,2	206	543	21,9	23,9	3,1	

Es fehlen nur geringe Mengen Eiweiss und Fett, daher eine Hafergrütze für den Abend zu wählen.

5. Tag. Speck, fett	50	4,5	37	—	134	6,—			
Erbsen	200	46,—	4	112	354	7,7			
Kartoffeln	375	5,6	—,75	78,75	109	1,7			
Summa		56,1	41,75	190,75	597	15,4	17,4	9,6	

An allen Nährstoffen reich, für den Abend daher Kaffee.

---

¹) Die Werthe sind den Menagebüchern eines hiesigen Regiments entnommen.

	pro Kopf gr	Eiweiss	Fett	Kohlehydrate	Nährwerth-Einheiten	Geldwerth ₰	Plus 2 Pf. für Morgenkaffee, Gewürze etc. ₰	Verbleiben für Abendbrot bei 27Pf. Menagegeldern	
6. Tag. Hammelfleisch.	150	24	31,5	—	214	15			
Mohrrüben...	375	4,13	1,13	33,75	58	3			
Kartoffeln...	900	13,50	1,8	189,—	262	4,5			
Summa		41,63	34,43	222,75	534	22,5	24,5	2,5	

Da 9 gr Eiweiss und 6 gr Fett fehlen, ist als Abendkost eine Milchsuppe mit Fett dienlich.

7. Tag. Rindfleisch...	150	28,5	24,—	—	215	15			
Graupen....	70	5,6	1,05	53,9	85	2,8			
Kartoffeln...	670	10,—	1,34	140,7	195	3,3			
Summa		44,1	26,39	194,6	495	21,1	23,1	3,9	

Aus denselben Gründen empfiehlt sich als Abendkost Käse oder Häring.

	pro Woche	152,3	36,7
	pro Tag rund	21,8	5,25

Nimmt man die vertragsmässigen Preise zur Hand und berechnet nach diesen für das ganze Jahr die Nährwertheinheiten, so ist es sehr leicht, die Tageskost, den vorhandenen Mitteln entsprechend, einzurichten. Eine solche Tabelle sollte in jeder Militär- und Volksküche aushängen und die betreffende Menage-Commission würde mit den zu Gebote stehenden Mitteln ihren Kostgängern ein vorzügliches Essen geben können.

Nach obiger Berechnung bleiben für Abendkost durchschnittlich 5,25 Pf. übrig, wofür das Nöthige reichlich beschafft werden kann. Den Truppen steht jedoch für die Abendkost Brennmaterial nicht zu und müsste solches daher bei gewöhnlichem Kochverfahren aus eigenen Mitteln beschafft werden, während nach meiner Methode die Speisen für den Abend schon mit der Mittagskost zugleich gekocht werden können, da in Folge des Verschlusses ein Verderben der Speisen nicht stattfindet, dieselben auch bis zum Abend vollständig heiss bleiben. Durch diese Vorzüge wird sowohl das Kochen, getrennt von der Mittagskost, an und für sich, als auch selbstredend das dazu nothwendige Brennmaterial erspart.

Ist in Kürze aus Vorstehendem ersichtlich, welche Nährstoffe der Mensch zu seiner Erhaltung und zum Aufbau seines Körpers gebraucht und wie einfach es ist, dieselben rationell zusammenzustellen, so handelt es sich jetzt darum, kurz die Vorgänge der Bereitung der einzelnen Speisen zu besprechen.

Warum kochen wir? Welche Veränderungen erleiden die Speisen durch den Koch- resp. Bratprozess?

Der Zweck des Kochens und Bratens ist, die Speise aus dem rohen Zustande in den der Weichheit und Verdaulichkeit überzuführen. Man muss sich dabei aber bewusst sein, was man als die eigentliche Speise endgültig betrachten will, den Gegenstand, den man kocht, oder das Wasser, womit man kocht, also den festen oder den flüssigen Theil. Es ist ja unbestritten, dass das Wasser viele Bestandtheile (Nährstoffe) aus der zu kochenden Masse auszieht und kommt es also darauf an, ob man die Nährstoffe in Form von **Suppe** oder als **feste Bestandtheile** geniessen will. Dabei ist es auch durchaus nicht gleichgültig, ob die Speise längere Zeit über den Zustand der völligen Erweichung hinaus kocht, da dieselbe dadurch oft wieder **hart und zähe** wird.

Man unterscheidet daher 3 Grade des Kochens:

1. das Kochen bis zum Grade des Weichseins. Hier ist die zu kochende feste Substanz der Zweck, das zum Kochen verbrauchte Wasser das Mittel;
2. das Kochen bis zu einer breiartigen Masse, nämlich, dass sich die festen Substanzen in dem Kochwasser auflösen. Das Wasser ist dann nicht allein Mittel, sondern auch Zweck des Kochens;
3. das vollständige Auskochen, nämlich so lange, bis die in der festen Masse befindlichen Nährstoffe zum grössten Theil in das Kochwasser übergegangen sind (Kraftsuppe etc.). Der feste Bestandtheil ist jetzt nur das Mittel und das Wasser der Zweck des Kochens.

Ist man nach **einer** dieser drei Arten sich über den Zweck des Kochens klar, so kommt es darauf an, zu wissen, welche Veränderungen erleiden die einzelnen Nährstoffe durch den bezüglichen Kochprozess, und da wir es hauptsächlich mit eiweissartigen oder stickstoffhaltigen Körpern, Fett und Kohlehydraten zu thun haben, so müssen wir vor allen Dingen betrachten, welche Veränderungen diese erleiden.

Bekannt ist, dass der wichtigste Nährstoff, das Eiweiss, schon bei 70—75° Celsius coagulirt, hart und schwer verdaulich wird, und wäre es demnach geradezu unverantwortlich, Nahrungsmittel, welche viel Eiweiss enthalten, zu **hohen Temperaturen** auszusetzen. Kocht man z. B. Fleischbrühe, so sieht man, wie das Eiweiss, sobald die Suppe anfängt zu sieden, sich in grauen Flocken ausscheidet; es wird abgeschäumt und weggeworfen, bis die Suppe vollständig klar ist. Eine solche Suppe ist aber dann nur Genuss- und kein Nährmittel mehr. Schäumt man sie nicht ab, so wird die Suppe nicht klar, doch senkt sich bei längerem Kochen das Eiweiss in harten Flocken zu Boden. Es ist dann ebenfalls nicht mehr leicht verdaulich und kommt dem Körper auch schon deshalb nicht zu gute, weil es gewöhnlich auf dem Boden des Topfes liegen bleibt.

Bei eiweissartigen Körpern, wie Fleisch, Milch etc. wende man daher niedrige Temperaturen an, d. h. man lasse die Speisen nur bis zu 70° C. sich erhitzen[1]). Fett schmilzt bei 40—50° C., bleibt aber im geschmolzenen Zustand verdaulich.

---

[1]) Den in neuerer Zeit aufgetauchten Meinungen, dass durch niedrige Temperaturen die Bacterien oder sonstige schädliche Organismen nicht zerstört würden, glaube ich entschieden entgegentreten zu müssen. Ist es doch erwiesen, dass ein grosses Stück Fleisch auch bei längerem heftigen Kochen in seiner Mitte die Temperatur von 70° C. selten übersteigt; hiernach wäre man also überhaupt nicht mehr sicher und dürfte von einem grösseren Stück Fleisch, wie z. B. einem Rostbraten oder Schinken nichts mehr essen. So schlimm ist die Sache nun aber nicht, und glaube ich, grund meiner Versuche und Erfahrungen zu der Erklärung berechtigt zu sein, dass bei Temperaturen von 70—80° C. die schädlichen Organismen eher zerstört werden, wie bei hohen, speciell, wenn zum Kochen der von mir erfundene Apparat verwendet wird, bei welchem während des Kochprozesses der Zutritt der atmosphärischen Luft absolut ausgeschlossen ist. Wird z. B. ein Stück Fleisch gebraten und gleich in heissem Fett herumgewälzt, oder auch nur in kochendes Wasser gebracht, so gerinnt das Eiweiss in der Aussenseite des Stückes derartig fest, dass die Hitze nicht durch diese Kruste und in das Innere des Bratens dringen kann. Das Fleisch bleibt saftig und gut, und zwar aus dem Grunde, weil das Eiweiss im Innern keine zu hohe Temperatur erhielt und daher nicht ausgelaugt werden konnte. Wird nun einem Fleischstück nur eine Temperatur von beispielsweise 75° zugeführt, so ist die Hitze im Stande, in das Fleischstück einzudringen, weil das in den Aussenseiten sich befindende Eiweiss nicht so stark geronnen ist, dass es die Hitze abhalten könnte, in das Innere des Stückes zu gelangen; belässt man daher das Fleisch in besagter Temperatur die nothwendige Zeit, so erreicht man die Zerstörung der schädlichen Organismen viel sicherer, wie bei hohen Temperaturen. Es lässt sich auch hierüber eine ziemlich genaue Berechnung anstellen, welche bei meinen vielfachen Versuchen sich stets als richtig erwiesen hat.

Wird nämlich ein Stück Fleisch von z. B. 5 kg Schwere in drei Stunden gar, so gebraucht es also $100° \times 180$ Minuten $= 18000$ Wärmegrade (Minutengrade). Soll es aber bei 75° gar werden, so gebraucht es $\frac{18000}{75} = 240$ Minuten oder 4 Stunden, es bedarf also immer ein und derselben Summe von

Kohlehydrathaltige Nahrungsmittel bedürfen höherer Temperatur bis zur Siedehitze und zwar aus dem Grunde, weil das Stärkemehl in feine Hüllen eingeschlossen ist, welche durch die Hitze gelockert resp. gesprengt werden müssen. Daher müssen Kartoffeln, Erbsen, Bohnen etc. höhere Temperaturen haben; man sieht bei Kartoffeln, wenn sie gar sind, deutlich das Zerspringen der Hüllen, sie werden mehlig. Es kommt nun sehr darauf an, ob die zu kochenden Nahrungsmittel älter oder jünger (frisch) sind, weshalb sich über die Zeit, welche zum Kochen nöthig ist, keine bestimmte Regeln aufstellen lassen; auch ist das zu verwendende Wasser von grossem Einfluss; in weichem Wasser werden die Speisen rascher gar, wie in hartem. Frische Gemüse werden am besten erst abgekocht und dann mit den nöthigen Gewürzen und Fett versehen, und zwar aus dem Grunde, weil diesen Speisen immer ein unangenehmer Geschmack anhaftet, welcher durch das Abkochen verloren geht. Es rührt dies vom Schwefel her, welcher sich durch das Kochen mit Wasser in Schwefelwasserstoff umwandelt und den üblen Geruch verbreitet. Man rieche und koste nur das Abgusswasser von Kartoffeln oder Gemüse.[1])

Wärmeeinheiten. Dass aber aus angeführten Gründen (Gerinnung des Eiweiss in den Aussenseiten) die Zerstörung schädlicher Organismen bei gewöhnlichem Kochverfahren nicht so sicher ist, wie bei meiner Methode liegt auf der Hand.

[1]) Aus besagten Gründen sollte das Kochen der Speisen mittelst Zuführung directen Dampfes, wie dies noch vielfach vorkommt, schon aus hygienischen Rücksichten von Aufsichtswegen absolut verboten werden. Nicht allein ist man bei Wasserdampf, welcher durch Röhren geleitet wird, nicht sicher, dass er mehr oder weniger Schmutztheile mit sich führe, es ist bei diesem Verfahren auch unmöglich, die gekochten Speisen jemals von dem ersten Kochwasser (Abgusswasser) zu befreien. Wer sich mit den Prozessen, welche während des Kochens vor sich gehen, vertraut gemacht hat, wird den unangenehmen, übelriechenden, oft ekelerregenden Geruch kennen, den das Abgusswasser von Gemüsen, Kartoffeln etc. verbreitet. Dieser penetrante Geruch ist abhängig von dem Boden, auf welchem die Pflanzen gezogen, dem Dünger, womit sie gedüngt wurden und anderen Zufälligkeiten.

Wird mit directem Dampf gekocht, so darf den Speisen kein Wasser beigegeben werden, jede Speise wird schon durch das Condensationswasser in Brei verwandelt, da beim Garkochen von 100 Liter Speisen sich mindestens 20 Liter Condensationswasser bilden. Kocht man nun z. B. Kartoffeln oder Gemüse, die bekanntlich an sich schon 75—80% Wasser enthalten, so wird denselben noch etwa 20% Wasser zugeführt und zwar stets solches, für dessen Reinheit man nicht garantiren kann. Anstatt also das Wasser zu entfernen um dadurch die Speise trocken und mehlig zu machen und von dem unangenehmen schwefelartigen Geruch zu befreien, vermehrt man unnöthigerweise

Es kommt demnach bei der Zubereitung der Speisen sehr darauf an, wie viel Wärmeeinheiten und bei welcher Temperatur solche denselben zugeführt werden, und da dies auf einem gewöhnlichen Kochheerd sich schwer reguliren lässt, so habe ich es mir zur glücklich gelösten Aufgabe gestellt, einen Heerd zu construiren, mittelst welchem man im Stande ist, die Temperaturen genau zu präcisiren, was insofern von unschätzbarem Werthe ist, als dadurch nicht allein die Speisen viel schmackhafter werden, sondern auch an Nährstoffen fast gar keine Verluste erleiden, woneben auch noch eine bedeutende Ersparniss an Heizmaterial erzielt wird.

Bezüglich des Verlustes an Nährstoffen, welche beim Kochen auf den gewöhnlichen Heerden und gewöhnlichen Töpfen dadurch stattfindet, dass mit dem abziehenden Wrasen (Schwaden) ein grosser Theil der wichtigen Stoffe abgeführt wird, sei bemerkt, dass dies in diesem Apparat nicht statthaben kann, weil ein vollständiger hydraulischer Abschluss vorhanden ist und der Wrasen condensirt wird.

Eine sehr auffallende Erscheinung ist, dass, wie durch comparative Versuche beim Königlichen Eisenbahn-Regiment in Berlin und 4. Garde-Regiment in Spandau zur Evidenz erwiesen, bei Hülsenfrüchten, Reis, Graupen etc. aus gleichen Mengen Rohmaterial bei meinem Verfahren eine weit grössere Ausbeute erzielt wird, wie bei dem gewöhnlichen. Diese Mehrausbeute beziffert sich an gleich consistenter Speise auf ca. $33\frac{1}{3}\%$ [1]).

Die Erklärung ist einerseits darin zu suchen, dass, wie oben gesagt, gar keine Stoffe verkochen und verspritzen können, andererseits aber, dass durch die gleichmässige und langsame Anwendung der Temperatur die äusseren Schichten der Früchte nicht zu schnell gerinnen, weshalb das heisse Wasser besser in das Innere der Frucht zu dringen vermag und dadurch jedes Stärkekügelchen besser aufgeschlossen und verkleistert wird. Danach muss also auch eine solche Speise besser verdaulich sein.

---

durch neue Wasserzufuhr die Menge und ein Mensch muss, um in solcher Speise das richtige Maass an festen Substanzen zu geniessen, dem Magen das doppelte Quantum Speisen zuführen. Im Volksmunde sagt man von einer solchen Speise: sie hält nicht vor.

[1]) Militair- und Civilbehörden etc. bin ich gern bereit, die mir für diese Zwecke bereitwilligst zur Verfügung gestellten Berichte und Atteste auf Verlangen gratis und franco zu übersenden und beliebe man, sich deshalb nur an meine Adresse, Rietschel & Henneberg, Berlin S. Brandenburgstrasse 81 wenden zu wollen.

Man kann darauf entgegnen, es seien deshalb doch nicht mehr Nährstoffe in den Speisen. Wenn dies aber auch wirklich nicht der Fall sein sollte, — dass also durch den abziehenden Wrasen nichts verloren ginge, — so kommt es doch sehr darauf an, ob die einzelnen Nährstoffe — Stärkekügelchen — nicht aufgeschlossen, ebenso leicht verdaulich sind. Da aber, wie wir wissen, Stärkemehl — und dies ist der Hauptbestandtheil der Farinosen — im rohen Zustande nicht leicht verdaulich ist, (es verhält sich wie Sand im Magen), so wird doch wohl eine so gut aufgeschlossene Speise rascher und besser verdaut, wie eine solche, die das nicht ist. Thatsache ist aber auch, dass die Leute von dieser Speise dem Volumen nach nicht mehr essen können, wie von gewöhnlich gekochter, ein Beweis, dass der Sättigungscoefficient derselbe ist. Rechnet man dann aber, dass man hier $33\,^1/_3\,^0/_0$ gleich consistenter Speise mehr erhält, so ist die Ersparniss doch eine sehr bedeutende zu nennen. Eine weitere Thatsache ist, dass die Leute diese Speisen **lieber** essen, und wohl deshalb, weil sie ein viel schöneres Aussehen und besseren Geschmack haben. Dieses erklärt sich daraus, dass absolut keine atmosphärische Luft während des Kochprozesses eintritt und folglich eine Oxydation der aromatischen Bestandtheile nicht stattfinden kann; ferner, dass keiner der aromatischen Stoffe verdampfen kann, weshalb man auch bei dem Kochprozess selbst nichts riecht.

Ist man nun ferner im Stande, den zu kochenden Speisen nur diejenige Temperatur zuzuführen, welche erforderlich ist, um dieselbe mund- und magengerecht zu machen, so ist es auch klar, dass ausser der Ersparniss an Brennmaterial ein Verderben der Speisen durch zu hohe Temperatur kaum möglich ist. Durch Ermittelungen des Reichsgesundheitsamtes ist es festgestellt, dass das Fleisch zum Garwerden im Sinne der Geniessbarkeit nur einer Temperatur von 60—70° C. bedarf. Wird nun höhere Temperatur angewendet, so leuchtet es ein, dass erstens Brennmaterial verschwendet und zweitens das Fleisch durch zu feste Gerinnung der Eiweisskörper schlechter und schwerer verdaulich wird. Es sei hier noch erwähnt, dass beim Braten des Fleisches mit Anwendung von Fett derselbe Zweck erreicht werden soll. Bekanntlich erreicht das Fett einen sehr hohen Hitzegrad. Wird nun ein Stück Fleisch in heisses Fett gelegt, resp. damit begossen, so schliessen sich durch die schnelle Gerinnung des Eiweisses in den Aussenseiten des Fleischstückes die Poren und die Hitze ist deshalb nicht im Stande, in das Innere desselben zu dringen, weshalb auch ein so behandelter Braten saftig und gut bleibt. Das Fleischstück hat dann in seinem Innern höchstens eine Temperatur von 60—70° C. erhalten.

Das blutige Aussehen verliert sich bei 70⁰ C. Man hat es daher in der Hand, dem Fleisch diejenige Gare zu geben, die man wünscht.

Dadurch, dass man mit heissem Fett etc. den Braten begiesst, erhält er die braune Farbe, woran man sich, weil er von selbst braun wird, gewöhnt hat.

Die Zubereitung des Fleisches in diesem Kochapparat geschieht in der Weise, dass man entweder, sobald das Wärmwasser die richtige Temperatur erreicht, das Fleisch in den eigens gebauten mit Drahtkörben versehenen Fleischtöpfen, nachdem man die nothwendigen Gewürze und Salz zugegeben, einfach trocken in den heissen Kochtopf hängt oder man füllt den Fleischtopf soweit mit Wasser, welches vorher zum Kochen gebracht ist, dass, wenn man das auf die einzelnen Körbe vertheilte Fleisch hineinhängt, es gleich ganz von heissem Wasser umgeben ist.

Soll nun das Fleisch z. B. bei 70⁰ C. gar gemacht werden, so muss das Wasser 70⁰ + der nöthigen Wärmegrade des Fleisches haben. Z. B. 10 kg Fleisch erfordern $10 \times 70 = 700$ Kilo- oder Litergrade. Man erhitzt also das Wasser um 700 Litergrade höher, welche auf die beim vorigen Beispiel angenommenen 200 Liter Wasser zu vertheilen sind. $200 : 700 = 3\frac{1}{2}^0$. Da aber zur Miterwärmung der Gefässe und der vorhandenen Luft auch einige Grade nothwendig sind, so wären rund 4⁰ zuzuführen, also $70 + 4 = 74^0$. Man hat dann weiter nichts zu thun, wie nach der gewöhnlichen Zeit das Fleisch herauszunehmen. Beim zweiten Fall wird das Wasser im Fleischtopf entsprechend heiss gemacht.

So zubereitetes Fleisch verliert an Gewicht und folglich auch an Nährstoffen sehr wenig und ist desshalb auch viel schmackhafter und verdaulicher.

Da der Mensch sich einmal an gebratenes Fleisch mit Recht gewöhnt hat, es auch schwer und überflüssig ist, alte Gewohnheiten so leicht umzuwerfen, so habe ich zum Zwecke des Bratens des Fleisches einen Bratofen mit meinem Patentkochapparat derart in Verbindung gebracht, dass die abgehenden Verbrennungsgase des Dampfentwicklers benutzt werden.

Es erübrigt nun noch, etwas über die Anwendung des Apparats bei der Zubereitung der einzelnen Speisen zu sagen.

In den Militär- und Volksküchen wird gewöhnlich das Fleisch in der Suppe gekocht und zwar so lange, bis es sich von selbst von den Knochen trennt. Es ist dies entschieden unrichtig und zwar, wie bereits gesagt, aus dem Grunde, weil die eiweissartigen Nährstoffe zu hohe Temperaturen erhalten. Hieraus ergiebt sich auch, dass das Fleisch dann gewöhnlich nicht viel mehr werth ist und man dann dem Menagetheilnehmer von beispielsweise 170 g rohem Fleisch nur etwa 60—65 g fertig gekochtes geben kann.

Man befolge deshalb folgende Regel:

Das Fleisch soll im rohen Zustande so gut wie möglich von den Knochen, Sehnen, Fellen etc. getrennt und in möglichst gleichmässige Stücke von 1—2 kg zerschnitten werden, am besten gleich in solche Portionen, wie sie zur Vertheilung kommen sollen.

So zerlegtes Fleisch wird in die Drahtkörbe gelegt, wie vorbeschrieben behandelt und wenn 30 % vom rohen Fleisch als Abfälle abgeschnitten werden, so würden noch 70 % übrig bleiben. Durch beschriebenen Kochprozess finden fast gar keine Verluste mehr statt und da bei dem gewöhnlichen Verfahren der Menagetheilnehmer nur etwa 40 % gekochtes Fleisch bekommt, so erhält er jetzt 70 %; von 170 g rohem Fleisch also etwa 120 g gekochtes, welches nebenbei viel saftiger und schmackhafter ist.

In Militär- und Volksküchen, wo grosse Mengen Fleisch verbraucht werden und dies gewöhnlich zu billigen Preisen eingekauft wird, man also viele Stücke erhält, welche schwer gar werden, lasse man das Fleisch, besonders Rind- und Hammelfleisch 4—6 Stunden bei beschriebener Temperatur kochen. Wenn dann auch ein Theil der Nährstoffe in die Sauce übergeht, so bleiben dieselben doch verdaulich und kommen dem Körper zu gute. Es empfiehlt sich sehr, Rind- und Hammelfleisch in Form von Goullasch, Fricassee, Clops etc. zu verabreichen und die Sauce den Kartoffeln oder Gemüse beizugeben. In dem Patentkochapparat ist dies ohne grosse Mühe leicht durchzuführen. In dieser Weise zubereitetes Fleisch wird z. B. von Soldaten lieber gegessen, wie das trockene Rindfleisch, zumal es stets in heissem Zustande direct aus dem Apparat ausgegeben wird. Das Schweinefleisch empfiehlt sich der Abwechselung halber mitunter gebraten zu verabreichen.

Sehr wichtig ist die richtige Ausnützung der Knochen und hierüber sei Folgendes erwähnt:

Im Durchschnitt enthalten Knochen, wie sie in den Militär- und Volksküchen zur Geltung kommen:

20—30 % Wasser,
25—40 % leimgebende und eiweissersetzende Substanz,
10—15 % Fett und
30—50 % Mineralstoffe.

Von diesen Nährstoffen gehen durch gewöhnliches Kochen nur 4 bis 6 % in Lösung. Dieselben müssen also besser ausgenutzt werden und geschieht dies wie folgt:

Man zerkleinere die Knochen etc. so gut wie möglich, giesse soviel kaltes Wasser darauf, dass sie überdeckt sind und gebe gleich das nothwendige Salz zu, welches zur Suppe erforderlich ist. Dann lasse man sie mindestens 2 Stunden stehen[1]). Das kalte Wasser laugt nun die Knochen aus und man erhält so kalte Bouillon. Befördert wird das Auslaugen, wenn man etwas chemisch reine Salzsäure zugiesst, wodurch sogar der Geschmack verbessert wird. Darauf wird die kalte Bouillon abgegossen und die Knochen nunmehr bei hoher Temperatur (100°) tüchtig ausgekocht. Bei diesem Prozess lösen sich die leimgebenden Substanzen und die Salze. Nachdem nun die Knochen etc. ordentlich ausgekocht, werden sie durchgegossen und die kalte Bouillon zugesetzt. Diese Mischung lässt man nun etwa $1/2$—1 Stunde auf 65—70° C. warm gestellt und man erhält eine gute, kräftige Suppe, ohne dass das Fleisch ausgekocht ist. Etwaige Zuthaten, wie Reis, Kartoffeln etc. kocht man am besten besonders und mischt sie nachher durch, doch kann dies auch gleichzeitig mit dem Auskochen der Knochen geschehen. Gewürze etc. werden wie gewöhnlich beigegeben. — Die so zubereitete Suppe enthält alle Nährstoffe in verdaulichem, guten Zustand.

Gewöhnlich wird sowohl der auf kaltem wie auf warmem Wege gewonnene Knochen-Extract dem Gemüse zugesetzt, wodurch Letzteres sehr schmackhaft und kräftig wird[2]).

---

[1]) Dieselben können auch über Nacht stehen bleiben, weshalb man die Zerlegung des rohen Fleisches am besten am Tage vor der Ausgabe vornimmt.

[2]) Bemerkt sei hier noch, dass der Einkauf des Fleisches zweckmässig in andere Bahnen zu lenken ist. Es ist der grösste Fehler, wenn beim Einkauf auf Billigkeit gesehen wird. Billiges und folglich schlechtes Fleisch, gemeiniglich von sog. Fressern, mageren Kühen oder Bullen, verliert durch den Kochprozess gewöhnlich $66 2/3 \%$, da es zu lange gekocht werden muss, um geniessbar zu sein, dann aber auch fast gar keinen Nährwerth mehr hat. Gutes Fleisch gebraucht nur die halbe Kochzeit und verliert beim Kochen 10—25 %. Letzteres ist zart, wird bei niedrigen Temperaturen gar und behält folglich den wichtigsten Nährstoff, das Eiweiss in verdaulicher Form.

Man zahle deshalb lieber für das Kilo Fleisch 20 Pfennige mehr und gebe dem Menagetheilnehmer dem entsprechend an roher Waare weniger. Die Rechnung stellt sich dann wie folgt:

a) 1 Kilo schlechtes Fleisch kostet Mk. 0,90, verliert beim Kochen $66 2/3 \%$, verbleibt $333 1/3$ g = 90 Pf.

b) 1 Kilo gutes Fleisch kostet Mk. 1,10, verliert durchschnittlich 20 %, verbleibt also 800 g = Mk. 1,10.

Das Werthverhältniss stellt sich also

bei a) wie 10 : 27
bei b) wie 8 : 11

Kartoffeln werden, nachdem sie gar gekocht, vermittelst des Ablasshahnes vom Wasser befreit. Dann wird der Hahn geschlossen und der Topf behufs Abdampfens offen gelassen.

Ebenso werden die Gemüse abgekocht und nachdem das Wasser, wie bei den Kartoffeln, entfernt ist, wird Fett etc. zugegeben und wieder in den Apparat zum Fertigschmoren gestellt, resp. bei Apparaten mit feststehenden Töpfen bis zur Ausgabe darin gelassen.

Erbsen, Bohnen, Linsen etc. werden wie gewöhnlich gekocht und nach Bedürfniss und Sitte nachher durchgerührt. Hier kann man die Knochen behufs Auskochen gleich zugeben.

Reis wird ebenfalls wie sonst behandelt, nur braucht er nicht soviel gerührt zu werden, ebenso wenig Milch und Mehlspeisen, weil ein Anbrennen absolut unmöglich ist.

Da jedoch Reis in Folge seines hohen specifischen Gewichtes sich fest auf einander lagert und so eine compacte Masse bildet, besonders wenn, wie in Militärküchen grosse Mengen gekocht werden, so ist es unbedingt erforderlich, denselben bevor er anfängt zu kochen, einige Male mit der Rührkelle aufzulockern. Geschieht dies nicht, so wird der Reis nicht gleichmässig gar und ballt sich schliesslich zu grossen Klumpen. Dasselbe ist bei Graupen und Gries zu beachten. Milch soll niemals die Temperatur von 70^{0} C. übersteigen, aber längere Zeit, $1^{1}/_{2}$—2 Stunden, darauf erhalten werden. Das Kaseïn, Albumin ist dann nicht ausgeschieden und die Milch ist viel schmackhafter und gesunder.

Zum Kochen des Kaffees werden immer dieselben Töpfe verwandt. Das Wasser wird gewöhnlich schon mit dem Gemüse gleichzeitig zum Kochen gebracht und alsdann erst der Kaffee hineingegeben. Man verschliesst nunmehr wieder die Töpfe und lässt den Kaffee bis zur Ausgabe im Apparat stehen. Derselbe bleibt bis zum nächsten Morgen frisch und heiss, ist sehr wohlschmeckend und hat namentlich keinen bitteren Ge-

---

Zu empfehlen ist folgende Regel: Man kaufe unzerlegte Hinterviertel, da man alsdann die Quantität am besten erkennen kann. Von den Vordervierteln ist nur Vorder- und Mittelrippenstück event. Oberarmstück zu nehmen.

Der Käufer also die Menage-Kommission muss sich das Recht vorbehalten, ¹ederzeit das lebende Vieh im Stall des Metzgers, wie das geschlachtete Vieh n dessen Geschäftslokal controlliren zu dürfen. Der Metzger darf nur Fleisch von selbst geschlachteten Thieren liefern.

Es ist also möglichst darauf zu sehen, dass der Metzger in der Nähe wohnt, um leicht controllirt werden zu können.

Das Fleisch darf nur von gut ausgeschlachteten Ochsen und Rindern genommen werden. Zu fettes Fleisch ist nicht gut, da es zu wenig Eiweiss enthält. Es sei also gut durchwachsen, mittelfett.

schmack angenommen, welches darin seine Erklärung findet, **dass er nicht mehr weiter kocht.**

Dies Verfahren, die Speisen mittelst Wasser- oder auch Dampfbades zu kochen, eignet sich nicht nur für stationäre, sondern auch ganz besonders für transportable Militär- und Volksküchen.

Da die Speisen vermöge der gleichmässigen Temperatur lange Zeit frisch erhalten bleiben, so kann man sie ruhig mehrere Stunden vorher oder auch während des Transportes kochen. Die dazu gelieferten Dampfentwickler können auf demselben Wagen mit dem Kochheerd zusammen angebracht und mit Leichtigkeit während des Transportes geheizt werden, so dass, wenn eine Truppe Rendezvous macht oder in's Bivouak zieht, die Speisen stets fertig sind und das lästige Kochen mit dem Feldkessel aufhört. **Ohne Bedenken können auch die Speisen 24 Stunden vorher zubereitet werden, da in Folge Luftabschlusses keine Fermentation eintritt.** Weil die Wärme von einer Kochzeit zur anderen aufgespeichert wird, so ist der Brennmaterial-Verbrauch so gering, dass Vorrath für einen oder mehrere Tage immer auf demselben Wagen mitgeführt werden kann.

Für Kochzwecke auf Eisenbahnen wird der Kochapparat von der Lokomotive geheizt. Dies ist für Sanitätszüge und grosse Militärtransporte der Einfachheit wegen sehr zu empfehlen.

Die Deckel der Kochgeschirre kann man so einrichten, dass sie gleich als Schüsseln benutzt werden können.

Die Dampfentwickler sind auf dreifachen Atmosphärendruck amtlich geprüft, mit den nöthigen vorgeschriebenen Sicherheitseinrichtungen versehen, so dass alle Gefahr vermieden ist.

Für ein Bataillon in Kriegsstärke genügt ein Dampfentwickler von 3 $\square$ m. Heizfläche, welcher nur mit $1/2$ Atmosphäre Ueberdruck arbeitet.

Die bis jetzt den Dampfkochküchen entgegengebrachten Bedenken wären somit beseitigt, da wegen des geringen Dampfverbrauchs keine Kessel mit hoher Dampfspannung angewendet zu werden brauchen. Ferner ist auch jede Gefahr bei dem Kochapparat durch Zuführung von überhitztem Dampf vermieden. Der mittelst Wasser abgeschlossene Deckel ist nicht verschlossen und hebt sich ein wenig, sobald die Temperatur über 100^0 steigt. Für Militärzwecke ist es ausserdem sehr wichtig, dass bei Anwendung meiner Kochapparate die lästige besondere Küche für die Unterofficiere wegfallen kann, da man gleichzeitig die verschiedensten Speisen in demselben Apparat kocht und im Bratofen bratet.

Sehr zweckmässig vereinigt sich hierbei mit der Küche die **Anlage einer Badeanstalt.** Man braucht nur ein isolirtes Bassin aufzustellen, in welches man nach dem Abkochen der Speisen die vorhandenen Dämpfe leitet, um stets warmes Wasser disponibel zu haben.

Uebrigens beziehe ich mich hinsichtlich der technischen Behandlung meines Kochverfahrens auf die von fachmännischer Seite vorausgeschickten Erörterungen und Beschreibungen und schliesse diese Abhandlung mit dem Wunsche, dass sie mein Motto:

„Die rationelle Zubereitung der Speisen ist die höchste Aufgabe der Küche"

auch für diejenigen Kreise unserer Bevölkerung wahr mache, welche durch ihre speciellen Verhältnisse auf eine Massenernährung angewiesen sind und denen es bislang nicht immer vergönnt war, für das ihnen verfügbare Nährgeld auch die denkbar höchsten Nährwerthe zu erhalten.

Verlagsbuchhandlung von Julius Springer in Berlin N.,
Monbijouplatz 3.

Bericht
über die
Smoke Abatement Exhibition
London, Winter 1881—82.

An das
Königlich Sächsische Ministerium des Innern in dessen Auftrage erstattet
von
Friedrich Siemens.

Preis 4 M.

Bericht
über die neuesten
Fortschritte auf dem Gebiete der Gasfeuerungen.
Von
Ferdinand Steinmann,
Civilingenieur in Dresden.

Mit 37 Figuren auf 8 Tafeln. — Preis 3 M.

Tabelle
über die
Wichtigsten Bestimmungen der Patentgesetze
aller Länder
mit dem
Deutschen Patentgesetz
und den
Vorschriften über die Anmeldung von Erfindungen.
Von
Dr. Rud. Biedermann.

Preis 1 M.

☞ **Zu beziehen durch jede Buchhandlung.** ☜

Verlagsbuchhandlung von Julius Springer in Berlin N.,
Monbijouplatz 3.

Chemie
der
Menschlichen Nahrungs- und Genussmittel.
Von
Dr. J. König,
Vorsteher der agric.-chem. Versuchsstation zu Münster i. W.

ERSTER THEIL:

Chemische Zusammensetzung
der menschlichen
Nahrungs- und Genussmittel.
Nach
vorhandenen Analysen mit Angabe der Quellen zusammengestellt und berechnet.

Zweite, sehr vermehrte und verbesserte Auflage.

Eleg. geb. Preis 9 M.

ZWEITER THEIL:

Die menschlichen
Nahrungs- und Genussmittel.
Ihre Herstellung,
Zusammensetzung und Beschaffenheit, ihre Verfälschungen und deren Nachweisung.
Mit einer Einleitung über die Ernährungslehre.
Zweite, sehr vermehrte und verbesserte Auflage. Mit vielen in den Text gedruckten Holzschnitten.
(Unter der Presse.)

Procentische Zusammensetzung
und
Nährgeldwerth der menschlichen Nahrungsmittel
nebst
Kostrationen und Verdaulichkeit einiger Nahrungsmittel
graphisch dargestellt
von
Dr. J. König,
Prof., Vorsteher der agric.-chem. Versuchsstation Münster i. W.

Zweiter, unveränderter Abdruck. — Eine Tafel in Farbendruck mit Text.

Preis 1 M. 20 Pf.

☞ **Zu beziehen durch jede Buchhandlung.** ☜

MIX
Papier aus verantwortungsvollen Quellen
Paper from responsible sources
FSC® C105338

If you have any concerns about our products,
you can contact us on
ProductSafety@springernature.com

In case Publisher is established outside the EU,
the EU authorized representative is:
**Springer Nature Customer Service Center GmbH
Europaplatz 3, 69115 Heidelberg, Germany**

Printed by Libri Plureos GmbH
in Hamburg, Germany